so sweet!

可爱的彩绘甜点

饼干·杯子蛋糕·巧克力

日本 Doze Life Food　著

谭颖文　译

U0350924

辽宁科学技术出版社

沈阳

目录 CONTENTS

Doze Life Food
（秋叶裕子/秋叶敦子）

　　Doze Life Food 是由两位好朋友——热爱可爱事物的秋叶裕子（左）与热爱美食的秋叶敦子（右）——一起创立的甜点工作室。该工作室的经营重心放在小礼物的制作、提供企业相关餐饮指南，并在图书杂志上发表文章。两人还出版过《可爱的装饰：杯子蛋糕和饼干》一书。

　　身为工作室负责人的秋叶裕子，主要负责甜点设计和装饰。其自身品位出众，并且对于甜点抱有"直到最后关头也不妥协"的态度，使完成的作品看起来十分精致，广受好评。

　　担任甜点企划的秋叶敦子，会从不同角度支持工作室的运作。她日以继夜地寻找美食，穿梭在日本和世界各地，一心一意追求味觉上的极致。她最擅长制作温暖人心的美食料理。

Part 3 **基础装饰技巧**

◔ 本书的惯用标示

· 1小匙=5ml，1大匙=15ml。
· 本书标示的加热温度和烘烤时间等，会因烤箱机种而有所不同，请依照具体情况进行调整。
· 饼干配方的1份 → p42仅为方便制作的参考分量，亦可当作蛋糕的参考分量。

· 如果没有配方中提出的花嘴型号，请用类似的形状或尺寸代替。
· 本书中的保存期限仅供参考。保存期限会因保存方式而产生差异，请尽快品尝。

Part1

装饰饼干！

饼干可以让我们在平面上进行装饰，

并轻松运用许多不同技巧，设计出各种各样的固态图案。

此外，饼干可以储存也是其魅力之一，

能让我们充分享受甜点装饰的乐趣。

接下来，就让我们一起在饼干世界里，

彩绘出美丽的图案吧！

彩色汤匙派对

散发着淡淡肉桂香的，是有着缤纷颜色的五彩饼干。
如果把所有颜色的饼干都汇集起来开个派对，一定非常热闹！

◐ **材料**（20~30个）

原味饼干 → p42

在低筋面粉里添加少许肉桂粉，
使用汤匙造型压模切出形状并烤
成饼干···1份

蛋白糖霜 → p94 ··2份

（湿性）

黄=饼干外层
红=饼干外层
黄绿=饼干外层
粉红=饼干外层
深紫=饼干外层

◐ **工具**

· 汤匙造型压模
· 不锈钢平盘网

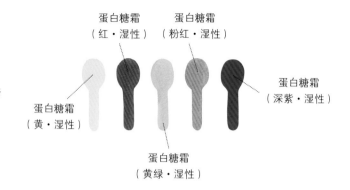

蛋白糖霜
（红·湿性）

蛋白糖霜
（粉红·湿性）

蛋白糖霜
（深紫·湿性）

蛋白糖霜
（黄·湿性）

蛋白糖霜
（黄绿·湿性）

◐ **蛋白糖霜的事前准备**

（湿性）

Ⓐ：黄、红、黄绿、粉红、深紫 → 装在
容器里

◐ **做法**

1 把饼干浸入各种颜色的Ⓐ里ⓐ，裹上
糖霜ⓑ。

2 将饼干排放在不锈钢平盘网上，让
多余的糖霜滴落并静置，直到完全
干燥ⓒ。

ⓐ

ⓑ

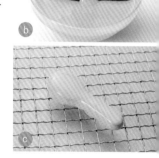

ⓒ

撒上细砂糖
制造亮晶晶效果

趁外层的蛋白糖霜还没变干，可
以撒上细砂糖，让饼干表面变得
闪闪发亮，质感和气氛也跟着不
一样了呢！

深夜的动物园

黑暗中浮现动物的身影……身处暗藏秘密的黑夜世界,竟令人莫名兴奋起来。
快发挥想象力,猜猜影子的原型!

蛋白糖霜
（白·硬性）

蛋白糖霜
（白·硬性）

蛋白糖霜
（黑·硬性）

蛋白糖霜
（黑·硬性）

蛋白糖霜
（灰·硬性）

♥ 材料（6片）

原味饼干 → p42

　用长方形压模切出形状并烤成饼
　干…1份

蛋白糖霜 → p94…2份

（硬性）

［ 白=动物糖花的轮廓，河马的鼻
　子、门牙、臼齿
　黑=饼干边框、边框装饰 ］

（湿性）

［ 灰=动物糖花的底色
　黑=饼干底色 ］

♥ 工具

·河马、大象、猴子的纸型 → p105

·长方形压模（9cm×7cm）

·挤花袋

·花嘴

圆口（直径3mm）

8齿（直径5mm）

♥ 蛋白糖霜的事前准备

（硬性）

Ⓐ：白 → 装进无花嘴的挤花袋，剪出挤
　　花口。

Ⓑ：白 → 装进套着圆形花嘴的挤花袋。

Ⓒ：黑 → 装进无花嘴的挤花袋，剪出挤
　　花口。

Ⓓ：黑 → 装进套着8齿花嘴的挤花袋
　　（湿性）。

Ⓔ：灰 → 装进无花嘴的挤花袋，剪出挤
　　花口。

Ⓕ：黑 → 装在容器里。

♥ 做法

1 先使用Ⓐ、Ⓔ勾勒出动物的形状Ⓐ。
　→ p104

2 使用Ⓒ描绘饼干的边框，中间用Ⓕ涂
　满Ⓑ。

3 趁饼干的糖霜未干时，放上1的动物
　形状，静置到完全干燥。

4 河马（左页照片左下）：用Ⓐ画外围
　轮廓、嘴里的线条，鼻子用Ⓐ点上两
　个圆点。用Ⓑ挤出弯曲的水滴形式表
　示门牙和臼齿Ⓒ。→ p101

　大象（左页照片右）：用Ⓐ画外围轮
　廓、鼻子的褶皱。

　猴子（左页照片左上）：用Ⓐ画外围
　轮廓。

5 用Ⓓ挤贝壳花边当成饼干边框的装饰Ⓓ。
　→ p101

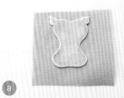

a

b

c

d

改变动物的图案设计

大家也可以做狮子、长颈鹿、鳄
鱼等造型，又或是画动物的时
候，特写身体的一部分（例如正
要爬出的鳄鱼上半身），这样完
成的作品会更有特色。

炫彩眼镜

这副充满鲜艳与复古情调的饼干眼镜，有个性的人一定很想戴戴看。
透过糖果做成的镜片，看看不一样的世界吧！

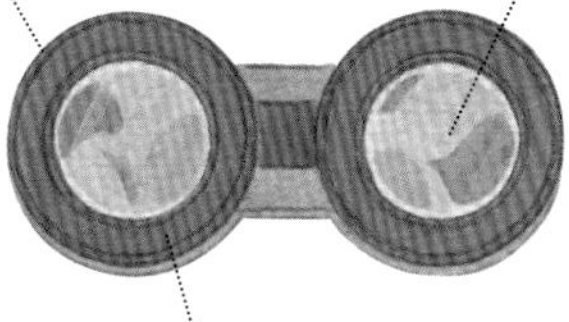

材料（2副）

原味饼干 → p42
生面糊 ··· 1份
蛋白糖霜 → p94 ··· 1份
（硬性）
[玫瑰粉=眼镜框线
（湿性）
[玫瑰粉=镜框底色
水果糖
（透明度高的彩色糖果）
··· 约12颗

工具

- 圆形压模（直径6cm）
- 圆形压模（直径4cm）
- 塑料袋
- 花嘴
- 挤花袋

制作各种颜色的眼镜

眼镜镜框的颜色，除了玫瑰粉之外，换成黄色、红色、紫色、橘色等也相当可爱。建议使用活泼的颜色，突显出饼干眼镜带点复古、色彩缤纷的风格。

蛋白糖霜的事前准备

（硬性）
Ⓐ：玫瑰粉→装进无花嘴的挤花袋，剪出挤花口
（湿性）
Ⓑ：玫瑰粉→装进无花嘴的挤花袋，剪出挤花口
※利用水果糖冷却凝固的时间，制作蛋白糖霜即可

做法

1 在原味饼干的面糊上，使用圆形压模（直径约6cm）各压一个圆形印，在各种圆形印中间用圆形压模（直径4cm）切出圆形中空，再用刻花刀切出眼镜的形状ⓐ。以170℃的烤箱烤8~10分钟，直到变成浅金黄色。
2 把糖果放进材质较厚的塑料袋，用铁锤敲成大碎块ⓑ。
3 把饼干的中空部分填入2，配色可依个人喜好装饰ⓒ。
4 再次把饼干放进烤箱，以150℃烤约5分钟，让糖果熔化。如果拿出来发现糖果熔化不完全，则边观察每分钟的变化边加热（注意不要加热过度，以免烤焦）。
5 等糖果冷却凝固后，用Ⓐ描眼镜的框线，用Ⓑ涂满镜框ⓓ，放置到完全干燥。
6 使用Ⓐ再描一次框线。

a

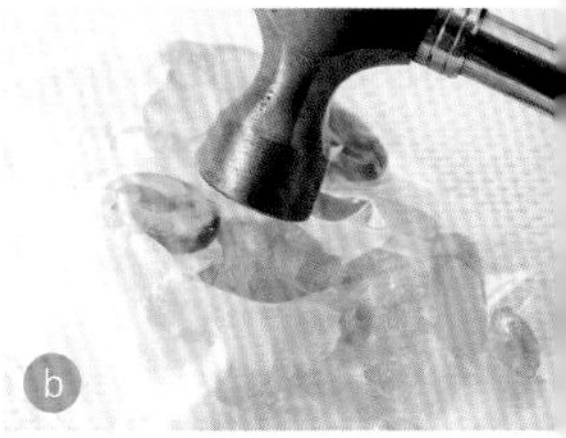
b

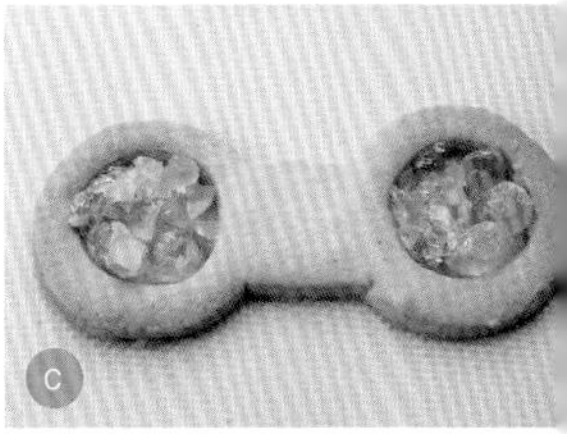
c

d

油印蜡纸饼干～植物的生长～

这是一款以油印蜡纸在生面糊上画图，之后再加以烘烤的创意饼干。
如果不想使用纸型，直接在面糊上彩绘喜欢的图案也很有趣。

色素水（绿）　　　　　色素水（红）

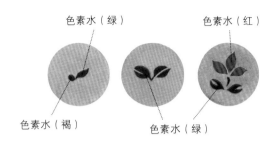

色素水（褐）　　　　色素水（绿）

♥ 材料（10片）

原味饼干 → p42

生面糊…1份

色素水

加少许冷开水至各色食用色素
（棕、黑绿、红），调出色彩

┌ 褐=发芽的种子
│ 绿=发芽的嫩芽、双叶、花茎、叶
│ 　　子
└ 红=花

♥ 工具

· 纸型Ⓐ、Ⓑ → p111
· 圆形压模（直径7.5cm）
· 甜点专用的画笔
· 牙签

利用不同图案或纸型，变化乐无穷

如左图所示，画好叶子与树干
后，再画上饱满的红色小果子，
可爱的图案就诞生了。或者，更
简单的方法是用打洞机制作纸
型。市面上出售的打洞机，除了
常见的图形外，还有如下图的叶
子、星星、爱心等图案，可依个
人喜欢搭配。

♥ 做法

1 在原味饼干面糊上，使用圆形压模切出圆形，接着排在烤盘上，放入冰箱冷却。

2 发芽（左页照片下）：把纸型A放在圆形饼干面糊上，用画笔蘸色素水（褐），画出种子图案ⓐ后立即拿开纸型。嫩芽的部分，把纸型B放在圆形饼干面糊上，用纸型A的外绿遮住叶子的半部，利用蘸了色素水（绿）的画笔画出嫩芽图案ⓑ。

3 双叶（左页照片中）：把纸型Ⓑ放在圆形饼干面糊上，牙签放在叶片中间以保留叶脉的纹路，利用蘸了色素水（绿）的画笔着色出两片叶子的图案ⓒ。

4 花（左页照片上）：把纸型Ⓑ放在圆形饼干面糊上，用画笔蘸色素水（红），着色出三片花瓣ⓓ。画笔蘸取色素水（绿）画出茎，并依照3的方式着色出两片叶子。

5 完成2~4之后，把圆形饼干面糊放入冰箱冷却，直到色素水的水分完全蒸发。

6 以150℃的烤箱烘烤15~20分钟，烤到变成浅金黄色。为了烤出漂亮的颜色，建议烘烤10分钟后，在接下来的5分钟边观察饼干的变化边烘烤。

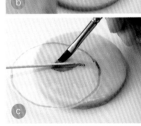

甜美夏日裙装

最心爱的裙装和靴子，竟然也能化身为饼干！
看到裙装可爱地挂在衣架上，想不想穿穿看呢？

蛋白糖霜（白·硬性）

蛋白糖霜（褐·硬性）

蛋白糖霜（珊瑚粉·湿性）

蛋白糖霜（白·湿性）

蛋白糖霜（红·湿性）

蛋白糖霜（蓝·湿性）

蛋白糖霜（褐·湿性）

蛋白糖霜（卡其·湿性）

蛋白糖霜（褐·硬性）

蛋白糖霜（褐·硬性）

蛋白糖霜（蓝·湿性）

蛋白糖霜（褐·湿性）

💙 **材料**（5组洋装与靴子）

巧克力（或原味）饼干 → p42

　　使用裙装造型和靴子造型的压模
　　切出形状并烤成饼干·· 1份

蛋白糖霜 → p94 ·· 2份

（硬性）

> 白=衣服，裙装的轮廓、肩带
> 褐=裙装的轮廓、蕾丝裙摆、靴子
> 　　轮廓、鞋带

（湿性）

> 珊瑚粉=洋装底色
> 白=羽毛花纹
> 红=羽毛花纹
> 蓝=羽毛花纹、靴子底色
> 褐=羽毛花纹、靴子上的直条纹
> 卡其=羽毛花纹

💙 **工具**

・裙装造型压模
・靴子造型压模
・牙签
・挤花袋

参考时尚杂志的服装

从时尚杂志里，可以获得很多关
于流行服饰的款式设计及花样的
灵感。如果可以在日常生活中汇
集喜欢的设计，在构思装饰图案
时就可以派上用场喔！

💙 **蛋白霜的事前准备**

（硬性）

Ⓐ：白→装进无花嘴的挤花袋，剪出挤
　　花口。

Ⓑ：褐→装进无花嘴的挤花袋，剪出挤
　　花口。

（湿性）

Ⓒ：珊瑚粉→装进容器里。

Ⓓ：白→装进无花嘴的挤花袋，剪出挤
　　花口。

Ⓔ：红→装进无花嘴的挤花袋，剪出挤
　　花口。

Ⓕ：蓝→装进无花嘴的挤花袋，剪出挤
　　花口。

Ⓖ：褐→装进无花嘴的挤花袋，剪出挤
　　花口。

Ⓗ：卡其→装进无花嘴的挤花袋，剪出
　　挤花口。

💙 **做法**

1 先使用Ⓐ画出衣架、洋装的轮廓、肩
　带ⓐ。

2 用Ⓒ涂满中间的部分，趁糖霜还没干
　的时候以Ⓓ、Ⓔ、Ⓕ、Ⓖ、Ⓗ画横条
　纹ⓑ，接着用牙签画出羽毛花纹ⓒ。
　→ p101

3 待完全干燥后，用Ⓑ画裙装的轮廓和
　裙摆蕾丝ⓓ。

4 先用Ⓑ画靴子的轮廓，再用Ⓕ涂满，
　趁还没有变干的时候以Ⓖ挤条纹。完
　全干燥后，用Ⓑ画靴子的轮廓和鞋
　带。

甜莓饼干杯子蛋糕

在鲜奶油杯子蛋糕上装饰着"甜蜜蜜"的草莓饼干，即使是不喜欢草莓酸味的人，
也会很想品尝看看。这款美味、可爱又有趣的甜点，最适合当成伴手礼。

◯ 材料（8个大杯子蛋糕）

原味饼干 → p42
使用草莓造型的压模切出形状并
烤成饼干…1份

原味杯子蛋糕 → p86
在面糊里添加樱桃白兰地（Kirsch）
…8个

蛋白糖霜 → p94…1份

（硬性）
```
深红＝轮廓
黑＝草莓子
绿＝叶子
```

（湿性）
```
深红＝底色
```

原味鲜奶油 → p96…1份

◯ 工具

· 草莓造型压模
· 挤花袋
· 花嘴

叶齿（直径9mm）

在餐桌上进行最后的
装饰！

当初因为"想感受和装饰杯子蛋
糕一样的乐趣"的想法，于是萌
生出制作草莓饼干的想法。如果
把杯子蛋糕改为鲜奶油蛋糕，或
改用各种水果来设计饼干，也都
是不错的方法。

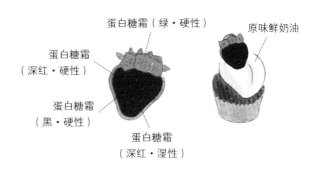

蛋白糖霜（绿·硬性）

蛋白糖霜
（深红·硬性）

蛋白糖霜
（黑·硬性）

蛋白糖霜
（深红·湿性）

原味鲜奶油

◯ 蛋白糖霜的事前准备
（硬性）

Ⓐ：深红 → 装进无花嘴的挤花袋，剪出
挤花口。

Ⓑ：黑 → 装进无花嘴的挤花袋，剪出挤
花口。

Ⓒ：绿 → 装进套着叶齿花嘴的挤花袋。

Ⓓ：深红 → 装进容器里。

◯ 做法

1 先用Ⓐ描出草莓的轮廓，中间部分用
Ⓓ涂满ⓐ，静置到完全干燥。

2 使用Ⓑ挤水滴形当成草莓子ⓑ。
→ p101

3 用Ⓒ挤叶子ⓒ。 → p102

4 用汤匙舀一球原味鲜奶油，放在杯子
蛋糕上ⓓ，最后摆上3的草莓饼干装饰
即可。

童话马车&高跟鞋饼干

黏附着小竹签的饼干，不仅可以让人体验木偶剧的乐趣，同时也能体会梦幻的公主氛围。
当木偶剧落幕时，大口咬下手上的棒棒糖，就是最好的赞美！

蛋白糖霜
（白・硬性）

细砂糖

蛋白糖霜（白・硬性）

蛋白糖霜
（白・湿性）

绿色食用
珍珠球

蛋白糖霜
（浅蓝・硬性）

银箔砂糖

蛋白糖霜（浅蓝・湿性）

蛋白糖霜
（白・湿性）

💙 材料（马车和玻璃鞋各1个）

原味饼干 → p42

使用马车饼干纸型与玻璃鞋造型
的压模，各裁切两片饼干面糊，
中间夹上竹签烤成饼干…1份

※刚烤好的饼干棒棒糖容易破裂，
故在完全冷却前请勿移动

蛋白糖霜 → p94 …1份

（硬性）

白=马车糖花的轮廓、底线、花边
曲线、车轮、马车饼干轮廓，
玻璃鞋轮廓

（湿性）

白=马车糖花的底色、玻璃鞋底色
浅蓝=马车饼干底色、玻璃鞋底色

银色食用珍珠球…适量

细砂糖…适量

银箔砂糖…适量

💙 工具

・马车饼干纸型 → p110
・马车糖花纸型 → p105
・玻璃鞋造型压模
・小竹签
・小钳子
・挤花袋
・花嘴

圆口（直径3mm）

9齿（直径5mm）

💙 蛋白糖霜的事前准备

（硬性）

Ⓐ：白 → 装进无花嘴的挤花袋，剪出挤
花口。

Ⓑ：白 → 装进套着圆口花嘴的挤花袋。

Ⓒ：白 → 装进套着8齿花嘴的挤花袋。

（湿性）

Ⓓ：白 → 装在容器里。

Ⓔ：浅蓝 → 装在容器里。

💙 做法

1 使用Ⓐ、Ⓓ描绘出马车糖花的轮廓ⓐ。
→ p104

2 以Ⓐ描马车饼干的轮廓，中间用Ⓔ涂
满。在干燥以前，放上1的马车糖花ⓑ，
静置到完全干燥。

3 用Ⓐ、Ⓑ画马车糖花的轮廓、底线（参
考 → p108）、花边曲线、车轮，然
后镶上银色食用珍珠球ⓒ。

4 用Ⓒ在底线上挤贝壳花边。 → p101
在干燥之前撒上细砂糖。

5 玻璃鞋的制作，使用Ⓐ描绘轮廓，并
沿着鞋边挤出一条线。用Ⓔ涂满鞋口
部分，放置到完全变干。再用Ⓓ把鞋
面涂满，趁糖霜还没变干，撒上银箔
砂糖ⓓ。

双鹤饼干

巧克力饼干的褐色与红鹤糖花的粉红色，是最为相配的色彩组合。
双鹤面对面相亲相爱的模样，惹人怜爱。

❤ 材料（4片）

巧克力饼 → p42

沿着红鹤纸型切出形状并烤成饼
干 ⋯ 1份

蛋白糖霜 → p94 ⋯ 2份

（硬性）

[白=轮廓、鸟喙、脚
[褐=眼睛

（湿性）

[粉橘=底色
[浅粉红=羽毛花纹
[白=羽毛花纹

❤ 工具

· 红鹤纸型 → p110
· 牙签
· 挤花袋
· 花嘴

圆口（直径3mm）

翻转纸型就能做出两种
饼干

裁切红鹤造型的饼干面糊时，只
要使用纸型的正反面，就可以
用同一个纸型烤出形状相反的饼
干。将两片饼干并排，相亲相爱
的红鹤是多么可爱！

蛋白糖霜（白·硬性）

蛋白糖霜（褐·硬性）　　蛋白糖霜（浅粉红·湿性）

蛋白糖霜
（粉橘·湿性）

蛋白糖霜（白·硬性）　　蛋白糖霜（白·湿性）

❤ 蛋白糖霜的事前准备

（硬性）

Ⓐ：白→装进无花嘴的挤花袋，剪出挤
花口。

Ⓑ：白→装进套着圆口花嘴的挤花袋。

Ⓒ：褐→装进无花嘴的挤花袋，剪出挤
花口。

（湿性）

Ⓓ：粉橘→装在容器里。

Ⓔ：浅粉红→装进无花嘴的挤花袋，剪
出挤花口。

Ⓕ：白→装进无花嘴的挤花袋，剪出挤
花口。

❤ 做法

1 用Ⓐ勾勒出红鹤的轮廓、鸟喙ⓐ。用
Ⓑ画脚，当挤到膝盖的部分时，建议
多挤一点糖霜形成膝关节ⓑ。

2 用Ⓓ涂满红鹤的身体，趁着糖霜尚未
干燥，用Ⓔ挤出羽毛花纹的直条纹，
再用Ⓕ紧邻着挤直条纹ⓒ。

3 趁糖霜还没变干，利用牙签往尾羽的方
向轻轻拉，画出羽毛排列的花纹ⓓ。

4 用Ⓒ画眼睛。

ⓐ

ⓑ

ⓒ

ⓓ

和风手帕饼干

和风手帕有许多充满魅力的花纹，如果把它们制作成饼干，应该别有一番风味。
此外，在饼干中段缠绕纸条，可以写上花纹名称或是心里想说的话。

材料（3个）
原味饼干 → p42
生面糊···1份
蛋白糖霜 → p94···2份
（硬性）
 白=轮廓、手帕毛边
（湿性）
 白=轮廓
 深蓝=纹样

工具
· 波浪形压模
· 挤花袋

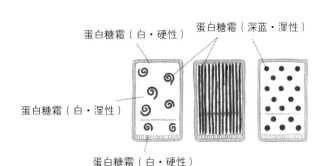

蛋白糖霜（白·硬性）　　蛋白糖霜（深蓝·湿性）

蛋白糖霜（白·湿性）

蛋白糖霜（白·硬性）

蛋白糖霜的事前准备
（硬性）
A：白→装进无花嘴的挤花袋，剪出挤
　　花口。
（湿性）
B：白→装在容器里。
C：深蓝→装进无花嘴的挤花袋，剪出
　　挤花口。

做法
1 裁出①9cm×7cm、②7cm×7cm、
③9cm×7cm的原味饼干面糊。重新以
170℃的烤箱烘烤①、②约10分钟，
放置冷却。
2 按照①→②→③的顺序重叠ⓐ，利用
波浪形压模在③的底端切出手帕毛
边般的形状ⓑ。然后直接放进烤箱，
170℃烤10~15分钟。
3 烤好的2，按照①→②→③的顺序重
叠，使用Ⓑ黏合ⓒ。
4 用Ⓐ描手帕的轮廓和毛边ⓓ。
5 用Ⓑ把中间涂满，趁糖霜还没变干，
用Ⓒ在上面画出旋涡、条纹、点点等
图案。→ p100，101

改变花纹，设计新的图案

若想设计图案，建议选择传统
且简单的花纹，例如流水纹→
p100。也可以参考真正的和风手
帕寻找灵感。

23

杂货风拼贴相框

我们可以把充满记忆的相片或卡片夹在这款精致的饼干当中，作为礼物送人。
依照不同的送礼对象，还可自由改变装饰材料喔！

❤ 材料（1片）

巧克力饼干 → p42
生面糊‥1份
糖浆 → p106

[深卡其=蕾丝糖花
[棕灰=蝴蝶糖花

蛋白糖霜 → p94‥1份

（硬性）

[巧克力=轮廓

（湿性）

[巧克力=轮廓

肉桂棒（其中一端斜切）‥1/2根
八角‥2个
金色食用珍珠球‥适量

❤ 工具

· 蕾丝印模
· 蝴蝶造型压模
· 文字印章
· 日期印章
· 小钳子
· 挤花袋

效果逼真的蕾丝印模

延展性佳的翻糖，用蕾丝印模一夹，其正反面就会出现蕾丝的图案。若使用专用的印模，可使作品的完成度更为精致。

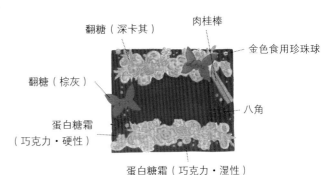

翻糖（深卡其）
肉桂棒
金色食用珍珠球
翻糖（棕灰）
八角
蛋白糖霜（巧克力·硬性）
蛋白糖霜（巧克力·湿性）

❤ 蛋白糖霜的事前准备

（硬性）

Ⓐ：巧克力 → 装进无花嘴的挤花袋，剪出挤花口。

（湿性）

Ⓑ：巧克力 → 装在容器里。

❤ 做法

1. 运用翻糖（深卡其）制作蕾丝糖花ⓐ。
   → p107

2. 运用翻糖（棕灰）制作蝴蝶糖花。压出两片蝴蝶糖花后，分别盖上文字印章和日期印章。

3. 裁出两片12cm×15cm的巧克力饼干面糊，一片直接当成底板，然后另一片的中间裁掉6cm×9cm，做成相框。依照p43的**8**、**9**烘焙ⓑ。

4. 用Ⓐ描相框的轮廓，用Ⓑ涂满中间ⓒ。

5. 趁糖霜尚未干燥，把蕾丝糖花、蝴蝶糖花、肉桂棒、八角、金色食用珍珠球装饰在相框上ⓓ。放在蕾丝糖花上的蝴蝶糖花，以冷开水黏合（如果不好粘，也可改用蛋白糖霜黏合）。

立体星形雪花

把星形的雪花结晶做成立体星形雪花，就变身成3D立体饼干。
长久以来作为圣诞装饰的雪花设计竟然是饼干，这种体验也很有趣呢！

♥ 材料（3大片）
原味饼干 → p42
　生面糊‥1份
蛋白糖霜 → p94‥1份
（硬性）
⌈ 白=花纹、黏着剂
金色食用珍珠球‥适量
银色食用珍珠球‥适量
金箔砂糖‥适量
银箔砂糖‥适量

♥ 工具
· 雪花结晶造型压模
· 吸管
· 小钳子
· 粗棉线
· 挤花袋
· 花嘴

8齿（直径5mm）

活用雪花的大小营造变化

只要黏着用的糖霜完全凝固，粘好的立体饼干就会出奇地坚固。
制作饼干时，也可以改变饼干的大小。不过，尺寸太大反而不适合悬挂，大小适中即可。

蛋白糖霜（白·硬性）

金箔（或银箔）砂糖

金色（或银色）食用珍珠球

♥ 蛋白糖霜的事前准备
（硬性）
Ⓐ：白→装进套着8齿花嘴的挤花袋。

♥ 做法

1 使用雪花结晶造型压模切出3片饼干面糊。用吸管在①上戳一个穿棉花线用的圆孔，把②和③对半切开（为了方便黏合，建议刀子斜切，使切口呈斜面），再斜切掉上面的饼干。依照p43的**8**、**9**烘焙 ⓐ。

2 用Ⓐ在①挤出放射状的贝壳花边，再用Ⓐ涂②的切面，黏合①、②ⓑ。

3 在已黏合的②内侧，用Ⓐ挤出放射状的贝壳花边 ⓒ。在②的接合处，以及①和②的接合处挤贝壳花边。

4 趁糖霜尚未干燥，放上金、银色食用珍珠球 ⓓ，撒上金、银箔砂糖。

5 待完全干燥后，依照2~4的方式装饰另一边。

6 等完全干燥以后，把粗棉线穿过①的圆孔，在上方打结以便悬挂。

拼布饼干

在饼干上画好不同的图案后，就可以体验拼布的乐趣喔！
此时眼前似乎也正浮现着妈妈构思拼布花色的身影。

♥ 材料（20~30片）

原味饼干 → p42
　　沿着六角形纸型裁切并烤成饼干
　　…1份
蛋白糖霜 → p94 …2份
（硬性）
[深红=轮廓
[白=轮廓
（湿性）
[深红=底色、图案
[白=底色、图案

♥ 工具

· 六角形纸型 → p111
· 挤花袋

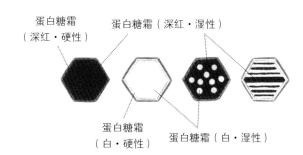

蛋白糖霜（深红·硬性）　　蛋白糖霜（深红·湿性）

蛋白糖霜（白·硬性）　　蛋白糖霜（白·湿性）

♥ 蛋白糖霜的事前准备

（硬性）

Ⓐ：深红→装进无花嘴的挤花袋，剪出挤花口。

Ⓑ：白→装进无花嘴的挤花袋，剪出挤花口。

（湿性）

Ⓒ：深红→装进无花嘴的挤花袋，剪出挤花口。

Ⓓ：白→装进无花嘴的挤花袋，剪出挤花口。

♥ 做法

1 使用Ⓐ和Ⓑ描出六角形轮廓ⓐ。

2 中间用Ⓒ和Ⓓ涂满ⓑ。

3 若希望饼干表面有图案，趁表面的糖霜还没变干，用Ⓓ画点点，用Ⓒ画条纹ⓒⓓ。如果想要画出粗条纹，只要把挤花袋的挤花口剪大一点即可。
→ p101　若不希望饼干表面有图案，直接放置到完全干燥即可。

4 完全干燥后，用Ⓐ和Ⓑ再描一次轮廓。

图案的创意

羽毛、小花、红白格纹等图案都很可爱，一定要尝试一下。也可以参考手工艺店的布料，从中寻找图案的灵感。

芬兰冷杉圣诞树

这款饼干的灵感来自芬兰的冷杉树，挤上看似雪花的糖白霜作为装饰。
和好友一起享用整树圣诞树饼干的同时，也分享了这段幸福时光。

🍂 材料（2棵）

巧克力饼干 → p42
　生面糊 ·· 1份
蛋白糖霜 → p94 ·· 1份
（硬性）
[白=装饰、黏着剂
红胡椒粒 ·· 适量

🍂 工具

· 树木造型压模
· 水滴造型压模
※可用吸管或花嘴代替
· 小钳子
· 挤花袋
· 花嘴

圆口（直径3mm）

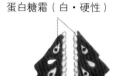
蛋白糖霜（白·硬性）

红胡椒粒

🍂 蛋白糖霜的事前准备

（湿性）

Ⓐ：白→装进套着圆口花嘴的挤花袋

🍂 做法

1 在巧克力饼干面糊上，使用树木造型模切出树木的形状，切掉下面的树干并修平后，对半纵切，并且以水滴造型压模压出中间的形状。按照p43的8、9烘焙ⓐ。
※切下来的水滴形饼干虽然不会用到，但烘焙后也可以当成装饰品。

2 使用Ⓐ黏合3片饼干ⓑ。

3 在饼干黏合的位置用Ⓐ挤出贝壳花边，饼干表面用Ⓐ挤出水滴形糖花ⓒ。 → p101

4 在糖霜干燥以前，放上红胡椒粒作为装饰ⓓ。另一边的装饰方法也相同，最后用Ⓐ把红胡椒粒粘在树顶。

撒上糖粉呈现圣诞节氛围

在最后的阶段，从上方撒下糖粉，让巧克力饼干覆盖在雪花之中，彷佛刚下了一场细雪。如果使用的是原味面糊，比起巧克力面糊更显简约，带给人另一种自然的明亮感。

缤纷饼干球

这款饼干球的口味众多，例如酸酸甜甜的草莓、微苦的抹茶等。
此外，饼干球内含有大量坚果，口感又香又脆。

◯ 材料（约20颗）
饼干球 → p45
　刚烤好的饼干球···1份
糖粉···75g（15g×5）
草莓粉···5g
红薯粉···5g
南瓜粉···5g
抹茶粉···5g

◯ 工具
· 小筛子

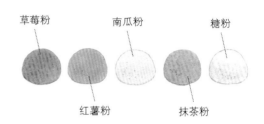
草莓粉　　南瓜粉　　糖粉
红薯粉　　抹茶粉

◯ 做法

1 混合糖粉15g和草莓粉（糖粉和粉料的比例是3：1），过筛到浅底平盘 **a**。

2 其他粉料也依照前述方法，完成各种粉彩色系的粉料。把糖粉15g直接放到浅底平盘里，这样就是白色 **b**。

3 烤好的饼干球，趁热放进**2**的浅底平盘裹上粉料 **c**。

4 冷却后，再次用小筛子把**2**的粉料撒在饼干球上 **d**。

用各种粉做色彩变化

除了上述介绍的粉料外，蓝莓粉、可可粉、黄豆粉等也很不错。另外，若使用抹茶或红色的日式粉料，则可将饼干面糊配方里的碎杏仁替换成花生或炒过的黄豆。

传统和服纹样

此款饼干的灵感，来自和服与日本传统纹样的设计。
把充满回忆的和服花纹呈现在饼干上，也可以说是美事一桩。

🧡 材料（长方形3片、长条形4片）
原味饼干 → p42

　烘焙成9cm×7cm长方形与
　9cm×2.5cm长条形的饼干‥1份
蛋白糖霜 → p94‥2份
（硬性）

［黑＝长方形饼干轮廓、长条形饼干
　　轮廓
　朱红＝菊花
　黄＝菊花
　深紫＝藤花

（湿性）

［黑＝长方形饼干底色
　朱红＝长条形饼干底色
　白＝直线=流水纹

金色食用珍珠球‥适量
金箔砂糖‥适量

🧡 工具
・小钳子
・挤花袋
・花嘴

圆口（直径3mm）

🧡 蛋白糖霜的事前准备
（硬性）

Ⓐ：黑 → 装进无花嘴的挤花袋，剪
　　出挤花口。

Ⓑ：朱红 → 装进套着圆口花嘴的挤
　　花袋。

Ⓒ：黄→装进套着圆口花嘴的挤花袋。

Ⓓ：深紫 → 装进套着圆口花嘴的挤
　　花袋。

（湿性）

Ⓔ：黑 → 装在容器里。

Ⓕ：朱红→装在容器里。

Ⓖ：白 → 装进无花嘴的挤花袋，剪
　　出挤花口。

蛋白糖霜（黄·硬性）
蛋白糖霜（黑·湿性）
蛋白糖霜
（黑·硬性）
蛋白糖霜（朱红·硬性）

蛋白糖霜
（朱红·湿性）
蛋白糖霜
（黑·硬性）
金色食用珍珠球
金箔砂糖
蛋白糖霜
（深紫·硬性）
蛋白糖霜
（白·湿性）

🧡 做法

1 使用Ⓐ描出长条形饼干的轮廓，用Ⓕ
涂满中间。趁糖霜尚未干燥，用小钳
子把金色食用珍珠球放上去，金箔砂
糖撒满饼干的1/5部分ⓐ。

2 使用Ⓐ描长方形饼干的轮廓，用Ⓔ涂
满中间。

3 （左页照片左上）趁糖霜尚未变干，
在中央用Ⓖ画3条直线ⓑ，用小钳子把
金色食用珍珠球镶在线的起点。

　（左页照片左下）：趁糖霜尚未变
干，用Ⓖ画3条流水纹，用小钳子把金
色食用珍珠球镶在线的起点。
　→ p100

　（左页照片右下）：趁糖霜尚未变
干，用Ⓖ各在上下画出3条直线，用
小钳子把金色食用珍珠球镶在线的起
点。

4 （左页照片左上）：糖霜完全干燥，
用Ⓓ画藤花，用Ⓑ、Ⓒ画菊花ⓒⓓ。
　→ p103

　（左页照片左下）：糖霜完全干燥
后，用Ⓒ画菊花，然后用小钳子镶上
金色食用珍珠球当花蕊，用Ⓓ画出藤
花的花瓣。→ p103

　（左页照片右下）：糖霜完全干燥
后，用Ⓑ画菊花，用Ⓓ画藤花。
　→ p103

玫瑰花园

粉红玫瑰在铸铁大门上优雅地绽放，迎接贵客来访。
这款饼干需运用挤花法制作玫瑰，属于较进阶的技巧，请多练习几次掌握诀窍。

◐ **材料**（5个）

巧克力饼干 → p42
沿着拱门形状的纸型裁切面糊并烤
成饼干‥ 1份
蛋白糖霜 → p94 ‥ 2份
（硬性）

```
古典粉=玫瑰
深褐=枝条
墨绿=叶子
```

◐ **工具**

・拱门纸型 → p110
・挤花袋
・花嘴

玫瑰（直径9mm）　叶齿（直径9mm）

改变玫瑰的装饰位置

只要稍微更改玫瑰的位置、数
量、大小和枝条的形状，就会给
人不一样的感觉。涂抹蛋白糖霜
之前，记得先把玫瑰花放在饼干
上确认整体设计。

蛋白糖霜（古典粉・硬性）

蛋白糖霜（深褐・硬性）

蛋白糖霜（墨绿・硬性）

◐ **蛋白糖霜的事前准备**
（硬性）

Ⓐ：古典粉→装进套着玫瑰花嘴的挤花
　　袋。

Ⓑ：深褐→装进无花嘴的挤花袋，剪出
　　挤花口。

Ⓒ：墨绿 → 装进套着叶齿花嘴的挤花
　　袋。

◐ **做法**

1 使用Ⓐ挤出玫瑰糖花，放置到完全干
　燥 ⓐ。→ p103

2 用Ⓑ在饼干上绘出旋涡状的枝条 ⓑ，
　选择几处用Ⓒ填上叶子 ⓒ。→ p102

3 在叶子糖花干燥前，放上1的玫瑰糖
　花 ⓓ。

蝴蝶结康康帽

松脆的苏打饼干里，塞满香浓的巧克力鲜奶油。
取下帽缘的部分，蘸着鲜奶油享用吧！

◆ 材料（4个）

苏打饼干 → p44
　生面糊 ⋯ 1份
蛋白糖霜 → p94 ⋯ 1份
（硬性）
[深褐=蝴蝶结
[白=蝴蝶结
巧克力鲜奶油 → p97 ⋯ 2份

巧克力鲜奶油

蛋白糖霜
（深褐・硬性，或白・硬性）

◆ 工具

・直径5cm的杯子蛋糕不锈钢烤模
・挤花袋
・花嘴

排花嘴（直径11mm）

◆ 蛋白糖霜的事前准备

（硬性）
Ⓐ：深褐→装进套着排花嘴的挤花袋。
Ⓑ：白→装进套着排花嘴的挤花袋。

◆ 做法

1 把饼干面糊切成①宽5cm的长方形、
　②直径5cm的圆形、③直径6.5cm的
　圆形。

2 用①把整圈烤模侧边贴满，切掉多余
　的面糊。把②铺在烤模底部 ⓐ，推压
　面糊使其贴紧烤模。按照p45的**8**、**9**
　烘烤苏打饼干①+②与③。

3 用Ⓐ和Ⓑ制作出蝴蝶结，放置到完全
　干燥。 → p102

4 烤模里的苏打饼干烤好后，填入巧克
　力鲜奶油 ⓑ。

5 用Ⓐ和Ⓑ在**4**的帽缘挤一圈缎带 ⓒ。底
　部用苏打饼干③盖好，趁着缎带糖花
　还没变干前，粘上**3**的蝴蝶结 ⓓ。

利用市售成品制作

也可以利用市售的蛋挞杯（一种
已经烤好、杯底平坦的派皮）做
成帽顶，再用市售的圆形苏打饼
干做成帽缘。

三层婚礼蛋糕饼干

此款饼干很适合用在婚礼和纪念日，制作过程中运用了蛋白糖霜的糖花技巧。
一边幻想蝴蝶飞舞的花园派对，一边把快乐的心情装饰上去吧！

大颗食用珍珠球

翻糖（奶油黄）

银色食用珍珠球

蛋白糖霜（白·硬性）

蛋白糖霜（白·湿性）

蛋白糖霜（黄绿·硬性）

蛋白糖霜（深褐·硬性）

蛋白糖霜（粉红·硬性）

🍬 材料（3片）

原味饼干 → p42
　沿着三层结婚蛋糕的纸型裁切面
　糊并烤成饼干… 1份

翻糖 → p106
[奶油黄＝蝴蝶翅膀

蛋白糖霜 → p94… 3份
（硬性）
[白＝蛋糕的轮廓、图案、蝴蝶身体
　深褐＝文字
　粉红＝花
[黄绿＝叶子
（湿性）
[白＝底色
大颗食用珍珠球… 适量
银色食用珍珠球… 适量

🍬 工具

· 三层婚礼蛋糕的纸型 → p111
· 蝴蝶造型压模
· 小钳子
· 挤花袋
· 花嘴

圆口（直径3mm）　平口（直径13mm）

叶齿（直径9mm）

🍬 蛋白糖霜的事前准备
（硬性）

Ⓐ：白→装进无花嘴的挤花袋，剪出挤
　　花口。
Ⓑ：白→装进套着圆口花嘴的挤花袋。
Ⓒ：深褐→装进无花嘴的挤花袋，剪出
　　挤花口。
Ⓓ：粉红→装进套着平口花嘴的挤花袋。
Ⓔ：黄绿→装进套着叶齿花嘴的挤花袋。
（湿性）
Ⓕ：白→装在容器里。

🍬 做法

1 使用翻糖制作蝴蝶翅膀（奶油黄）备
　用。→ p107
2 用Ⓐ描出蛋糕的轮廓（下面预留2cm
　的空间），用Ⓕ涂满中间，静置到完
　全干燥。
3 用Ⓒ写文字。→ p102
4 用Ⓐ挤出蛋糕的细部轮廓、直线和曲
　线。用Ⓑ在每层的交接处挤出贝壳花
　边。→ p101
5 趁着霜尚未干燥，放上1的蝴蝶翅
　膀，用Ⓑ挤出蝴蝶的身体。
6 在饼干的上下端以Ⓓ挤出花朵，再用
　小钳子将大颗食用珍珠球镶在花心，
　周围镶上银色食用珍珠球，用Ⓔ在花
　朵间挤叶子。→ p102

饼干的做法

本书使用的饼干，详细的制作方法如下。
不仅便于装饰，口感也入口即化，即使直接品尝也美味十足！

原味饼干

这款面糊的质地坚硬，适合用于压模。
而且不会过度膨胀，通过压模切出来的图案也
很漂亮，因此很适合用蛋白糖霜装饰。

◯ 材料

（1份=约10片直径6.6cm的菊花造型）

黄油（无盐）‥100g

糖粉‥70g

蛋黄‥1个（全蛋重58~64g）

香草精‥少许

低筋面粉‥200 g

杏仁粉‥35 g

盐‥一小撮

手粉（低筋面粉）‥适量

※杏仁粉可以增加香气和口感的层
次，但会让饼干变得易裂。因
此，制作时也可以选择不加杏仁
粉，但注意低筋面粉要改成235g

＊如果制作的是巧克力饼干，配方应改
成低筋面粉160g、可可粉40g

◯ 保存期限

· 还没烤的饼干面糊→用保鲜膜包
起来，放进密封袋保存，冷藏约1
周，冷冻约1个月

· 烤好的饼干→和干燥剂一起放进
密封容器里，可常温保存约1个月

◯ 事前准备

无盐黄油放置在室温下回软

当橡皮刮刀可轻易切入，即表示
柔软度适中。

事先将低筋面粉过筛

过筛后的低筋面粉颗粒细致且不
易结块，而且混入了空气，因此
制作面糊时比较方便搅拌。若是
打算制作巧克力面糊，请和可可
粉一起过筛。

便利的硅胶烤盘布

硅胶制的烤盘布可以当成烤盘纸
的替代品。烤盘布本身有一定的
厚度，所以可以在上面擀压面糊，
或是压模切好图案后直接放在烤
盘上烤。烤盘布的优点是切好图
案的面糊不易变形，且清洗后可
重复使用。

♥ 做法

❶使用橡皮刮刀把无盐黄油搅拌成柔软的糊状。

❷加入糖粉打发。

❸加入蛋黄和香草精，并混合均匀。

❹加入低筋面粉、杏仁粉和盐，用手揉制成一团。

❺揉好的面糊表面光滑无粉感，用保鲜膜包起来，放进冰箱静置约30分钟。静置期间先预热烤箱到170℃。

❻在烤盘布上撒手粉，用擀面杖把面糊擀成厚度为4~5mm的面皮。

❼另外准备一些低筋面粉，压模边蘸面粉边在面皮上切出图案。如果是形状复杂的压模，建议应蘸粉才好切。

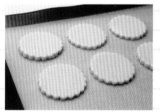

❽在烤盘上铺烤盘纸（或烤盘布），把❼排好。在170℃的烤箱烘烤约10分钟，再对调烤盘的前后方向，继续烤7~10分钟。
※为了避免表面积较大的面皮膨胀，先用叉子在表面戳几个洞后，再进烤箱烘烤。

❾烤好的饼干先放在不锈钢平盘网上冷却。刚出炉的饼干很容易破裂，所以在完全冷却之前不要移动。

该如何处理压模切剩的面糊？

压模切剩的面糊，经过重新搓揉后，可再重复使用切出图案。但是，面糊放太久会出油，反而不方便制作。此时若把面糊放进冰箱冷藏再继续使用，即使做到最后，还是能烘焙出金黄色外皮的美丽饼干。

苏打饼干

口感酥脆、不甜不腻，还可品尝到派皮般的好滋味。是康康帽饼干→p38的基底饼干。

♡ **材料**（1份）
低筋面粉··200g
盐··一小撮
黄油（无盐）··100g
全蛋··1个（58~64g）
冷开水··2~3小匙
手粉（低筋面粉）··适量

♡ **事前准备**
· 将无盐黄油切成1cm大小的方块，置于冷箱冷藏备用
· 将全蛋打散，再加冷开水混合
· 先预热烤箱至180℃

♡ **保存期限**
· 还没烤的饼干面糊→用保鲜膜包起来，放进密封袋保存，冷藏约1周，冷冻约1个月
· 烤好的饼干→和干燥剂一起放进密封容器里，可常温保存约1个月

♥ **做法**

❶在容器里加入低筋面粉、盐和无盐黄油，用手指捏抓材料，直到材料混合成细碎的粉屑。

❷把全蛋与冷开水调成的蛋液倒入❶。

❸使用橡皮刮刀搅拌材料，直到蛋液完全融入材料里（注意不要搅拌过头，否则口感会变差）。如果还有黏稠感，可以再加一点低筋面粉（配方以外的量）。

❹在冰凉的桌面撒上手粉、放上面糊，轻柔地将面糊揉成一团（为了避免产生黏性，注意不要过度搓揉）。用保鲜膜把面团包好，放在冰箱冷却至少20分钟。

❺在烤盘布上撒一些手粉，用擀面杖把面团擀成厚度为4~5mm的面皮。

使用烤模时

❻把面皮铺在烤盘里，切除多余的面皮，多余的面皮可以拿来补缝隙或厚度。

❼用饼干压模在擀好的面皮上切出喜欢的图案。

❽在烤模底部的面皮或没有使用烤模的面皮表面上，使用叉子戳几个洞，让空气溢出。

❾使用烤模的话，需在底部铺上烤盘纸，放上烤派用重石，以180℃的烤箱烘烤约25分钟后，移开烤派用重石，再烤7分钟。如果没有使用烤模，以180℃的烤箱烘烤15~20分钟。

饼干球（雪球）

这是一套口感松脆清爽、味道浓郁的饼干。制作时可加入大量坚果，以增添香气。是缤纷饼干球→p32的基底饼干。

🍀 材料（1份=约20个）
黄油（无盐）··90g
糖粉··25g
蛋黄··1/2个
（全蛋重58~64g）
香草精··少许
盐··1/4小匙
低筋面粉··100g
烤过的碎杏仁··80g

🍀 事前准备
·将无盐黄油放在室温下软化 → p42
·先将低筋面粉过筛 → p42
·先预热烤箱至170℃

🍀 保存期限
·还没烤的饼干面糊→用保鲜膜包起来，放进密封袋保存，冷藏约5天，冷冻约3周
·烤好的饼干→和干燥剂一起放进密封容器里，可常温保存约2周

🍀 做法

❶无盐黄油以橡皮刮刀搅拌至柔软的糊状后，加入糖粉拌匀。加入蛋黄、香草精、盐，继续搅拌均匀。

❷低筋面粉分2~3次加入拌匀，再加入碎杏仁以拌切的方式混合材料。把面糊分成20等份，搓成圆球，在烤盘上铺烤盘纸，将圆球排盘并保持间隔。

❸以170℃的烤箱烘烤15~20分钟。刚出炉的饼干球，趁着热度还在时，裹上糖粉（配方以外的量），若饼干球已经冷却，就用小筛子撒上糖粉（配方以外的量）。

装饰巧克力！

这里要介绍几种做法简单的装饰巧克力，
只要利用市售的巧克力就可以制作完成。简单易学，相当受欢迎。

变身为高级的巧克力甜点！

花朵巧克力

◆ 材料与做法

在有厚度的市售方形巧克力上，挤出花的图案（若表面不平整，可翻面进行）。

右上： 用蛋白糖霜（白·硬性·套上直径3mm圆口花嘴）挤出水滴形花瓣。→ p101 用蛋白糖霜（黄·硬性·无花嘴）挤出圆点当花蕊。→ p100

右中： 用蛋白糖霜（黄绿·硬性·套上直径9mm叶齿花嘴）挤出叶子。→ p102 趁叶子还没变干，放上市售玫瑰糖花、大颗食用珍珠球。

右下： 用蛋白糖霜（粉红·硬性·套上直径13mm平口花嘴）挤出花朵。→ p102 用蛋白糖霜（白·硬性·无花嘴）挤出圆点当花蕊。→ p100 趁整朵花还没变干，在花蕊四周镶上银色的食用珍珠球。

中央下： 用蛋白糖霜（绿·硬性·无花嘴）挤出旋涡状当作茎，花的部分用圆点糖花（粉红·硬性·无花嘴）表示。→ p100

左下： 用蛋白糖霜（绿·硬性·无花嘴）挤出大圆点后，在大圆点外挤小圆点。→ p100

只需使用巧克力笔

蕾丝巧克力

💙 **材料与做法**

巧克力笔（褐、白）放置在热水里软化后，在烤盘纸上画出蕾丝的图案，放进冰箱冷却凝固。待完全凝固后，即可从烤盘纸上取下。

小巧又可爱的礼物

巧克力棉花糖礼物

💙 **材料与做法**

巧克力笔（紫、橘、水蓝、黄、粉红、褐）放在热水里软化后，在巧克力夹心棉花糖（市售）和彩色棉花糖（市售）的表面画出蝴蝶结。

→ p102

甜心♡庞克风

亮晶晶☆装饰巧克力

◯ 材料与做法

骷髅、手枪的纸型 → p105

1 使用蛋白糖霜（白·硬性·无花嘴）描绘出骷髅与手枪的轮廓，中间用蛋白糖霜（白·湿性）填满。趁糖霜尚未变干前，撒上金箔、银箔砂糖，并镶上金色、银色食用珍珠球，放置到完全干燥。

2 剥掉烤盘纸的1、银色食用珍珠球、玫瑰糖花（市售）以及爱心形饼品（市售），运用蛋白糖霜（白·硬性·无花嘴）粘到巧克力砖（市售）上。

宛如童话故事里的可爱蘑菇

彩色蘑菇巧克力

◯ 材料与做法

把市售蘑菇巧克力饼干的菌伞裹上蛋白糖霜（水蓝、黄、红·湿性），静置到完全干燥。最后用蛋白糖霜（白·硬性·无花嘴）画上圆点。→ p100

做法简单却可爱到极点

笑脸巧克力

◯ **材料与做法**

将巧克力笔（黄）放置在热水里软化后，在钱币巧克力（市售）上画出眼睛和嘴。

也来做做看大蘑菇吧！

手作蘑菇巧克力

◯ **材料与做法**

1 隔水加热熔化两片巧克力砖（市售），倒进容量较深的碗形量匙中，插入饼干棒（市售），静置使其冷却凝固。

2 从量匙上剥下巧克力（当剥不下来时，用热毛巾热敷量匙即可），用浸过热水已软化的巧克力笔（蓝、黄）画圆点。→ p100

简单又带点怀旧风

巧克力唱片

◇ 材料与做法

把正中央有洞的钱币巧克力（市售）翻面，使用蛋白糖霜（红、蓝、白·硬性·无花嘴）在背后画出唱片标签的轮廓，并用蛋白糖霜（红、蓝、白、湿性·无花嘴）涂满中间的部分。

演奏喜欢的音乐

巧克力乐谱

◇ 材料与做法

把方形的白巧克力薄片（市售）翻面，使用经热水软化的巧克力笔（褐），在背面画出五线谱、高音记号和音符。

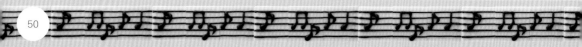

绅士巧克力饼干

材料与做法

1 将市售饼干（biscuit）包裹上一层巧克力，再用蛋白糖霜（白·硬性·无花嘴）画出V领的轮廓，中间涂满蛋白糖霜（白、粉红·湿性），直到完全变干。

2 制作领带。在烤盘纸上用蛋白糖霜（白·硬性·无花嘴）徒手画出领带的轮廓，中间涂满蛋白糖霜（白·湿性）。在领带还没变干前，镶上银色食用珍珠球，静置到完全干燥。

3 左、中：用蛋白糖霜（白、红·硬性·套上直径11mm排花嘴）在1挤上蝴蝶结，看起来就像是西装的蝴蝶领结。→ p102

4 右：把2的领带糖花从烤盘纸上取下，用蛋白糖霜（白·湿性）粘在1上。

玩心独具的巧克力

烟灰缸巧克力

材料与做法

将两片巧克力砖（市售）隔水加热熔化，倒入大型玛德琳（Madeleine）烤模，再叠上小型烤模，放进冰箱冷却凝固。把巧克力从烤模上取下（若拿不下来，用热毛巾热敷烤模即可顺利取下），放上香烟造型的糖果（市售）。

淋上浓郁的巧克力浆，看起来好好吃喔！

留言板面包脆饼

● 材料与做法

将巧克力砖（市售）隔水加热熔化。用汤匙舀巧克力浆并淋在甜面包片（市售）上，放进冰箱冷却凝固。完全凝固后，使用热水软化过的巧克力笔（白），写下喜欢的话语。

巧克力的基底×巧克力酱的双重巧克力

星星巧克力奶酪蛋糕

● 材料与做法（2个7cm×7cm方形蛋糕）

1 把4g吉力丁粉（Gelatin）浸泡在两大匙冷开水中，放进微波炉加热熔化。

2 取4片巧克力饼干（市售），去掉夹心馅，放进塑胶袋，用擀面杖压成碎屑。加入5g熔化的无盐黄油拌匀，铺在烤模底部。

3 把100g软化的奶油奶酪和一大匙砂糖混合后，加入1的吉力丁粉搅拌均匀。

4 在2的烤模里放上星形压模，其周围倒入3，放进冰箱冷藏凝固约30分钟。

5 先脱下烤模，再取出星形压模，倒入巧克力酱（市售）。

用巧克力盒装入巧克力豆，具备双重惊喜

巧克力惊喜礼盒

🗲 **材料与做法**

1 烤盘放在烤箱预热到100℃左右。把5片方形巧克力薄片（市售）的切面轻触烤盘，使其熔化，再黏合成箱子的形状。

2 把另一片巧克力片翻面，使用热水软化过的巧克力笔（红、黄）在背面画出蝴蝶结。→ p102

3 箱子里塞满巧克力糖（市售），放上2的盒盖。

轻松做出地道的口味！

布朗尼棒

🗲 **材料与做法**

（1条6.5cm×14cm×4.5cm磅蛋糕纸模的量）

1 将1片巧克力砖（市售）加热熔化。

2 1个全蛋液、可可粉1大匙、低筋面粉1大匙、香草或巧克力口味的市售饼干共10片，全部放进食物处理机搅拌，再倒入1混合均匀。

3 打好的面糊倒入磅蛋糕纸模，以170℃的烤箱烤15~20分钟。试着将竹签插入面糊，若没有粘上生面糊就表示烤好了。

4 脱下纸模，切成喜欢的形状。使用热水软化后的巧克力笔（褐）在上面画图，趁着图案还没变干，用星形、爱心形的金箔或彩色糖球加以点缀。

笑脸三重奏

◯ 材料与做法
把加了巧克力的市售点心球裹上蛋白糖霜（黄·湿性），放置到完全干燥。使用热水软化后的巧克力笔（褐）在上面画出表情，再依个人爱好穿起来。

巧克力竟然伪装成丸子！

郊游丸子巧克力

◯ 材料与做法
把加了巧克力的市售点心球裹上蛋白糖霜（抹茶绿、粉红、奶油黄·湿性），撒上罂粟子，静置到完全干燥后再穿起来。

Part2

装饰杯子蛋糕

擅用杯子蛋糕外形立体的特征，
尝试缤纷多样的装饰方法。不仅能够一个一个进行装饰，
还可以用数个杯子蛋糕构成一件作品，
让大家快乐地分享美味。
接下来，让我们一起做出
最美味、最可爱的杯子蛋糕吧！

薰衣草杯子蛋糕

即便是在众多花中，薰衣草也总是能够吸引所有目光。

这款装饰甜点的做法，即使是初次接触的新手，也能够马上学会。

♥ **材料**（1个）

原味杯子蛋糕 → p86 ·· 1个

蛋白糖霜 → p94 ·· 1份

（硬性）
- 绿=茎、叶子
- 浅紫=花

湿性
- 奶油黄=底色

♥ **工具**
- 挤花袋
- 花嘴

圆口（直径3mm）

蛋白糖霜（浅紫·硬性）

蛋白糖霜（绿·硬性）

蛋白糖霜（奶油黄·湿性）

♥ **蛋白糖霜的事前准备**

（硬性）

Ⓐ：绿 → 装进无花嘴的挤花袋，剪出挤花口。

Ⓑ：浅紫 → 装进套着圆口花嘴的挤花袋。

（湿性）

Ⓒ：奶油黄 → 装在容器里。

♥ **做法**

1 把Ⓒ铺覆在杯子蛋糕表面ⓐ，放置到完全干燥。

2 使用Ⓐ画出3根茎，并在左右2根茎加上叶子ⓑ。

3 使用Ⓑ画薰衣草的花。首先，决定花的顶点位置，然后由上往下挤出水滴形糖花，水滴的尖端尽量朝上ⓒ。 → p101

更简单的方法

把薰衣草的花由水滴形改成圆点会更简单。大家可依照自己的程度选择装饰技巧，自我挑战一番。

冰雪花杯子蛋糕

运用滑顺的马斯卡彭奶酪鲜奶油，表现出白雪的轻柔。
加上蕾丝般的雪花结晶糖花，俨然成为一座银光点点的雪丘。

材料（1个）

咖啡杯子蛋糕 → p86 ·· 1个
咖啡利口酒（liqwueur）·· 少许
马斯卡彭奶酪鲜奶油 → p96 ·· 1份
巧克力笔（白）·· 1~2支
银色食用珍珠球 ·· 适量
银箔砂糖 ·· 适量
糖粉 ·· 适量

工具

· 烤盘纸
· 小钳子
· 毛刷
· 小筛子

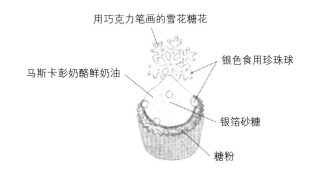

用巧克力笔画的雪花糖花
银色食用珍珠球
马斯卡彭奶酪鲜奶油
银箔砂糖
糖粉

做法

1 在烤盘纸上，使用浸过热水已软化的巧克力笔（白）画出3条放射状直线，并加上其他线条，画出雪花图案 a。

2 放上银色食用珍珠球 b，撒上银箔砂糖后，放进冰箱冷却凝固。

3 使用毛刷蘸取咖啡利口酒涂抹杯子蛋糕，再用汤匙舀马斯卡彭奶酪鲜奶油放在上面 c。

4 使用小筛子把糖粉筛到蛋糕表面，并撒上银箔砂糖。放上银色食用珍珠球 d，剥掉2雪花结晶糖花的烤盘纸，装饰到鲜奶油上。

也可自行设计雪花糖花

雪花糖花的设计款式有很多种。尝试各种形状，找出最喜欢的雪花造型吧！

愚人节冰淇淋杯子蛋糕

奶酪鲜奶油的质地不但类似冰淇淋，看起来简直一模一样！
因此，借愚人节的4月1日之意，取名为"愚人节冰淇淋杯子蛋糕"。

◯ 材料（1个）

原味杯子蛋糕 → p86 ·· 1个
奶油糖 → p95 ·· 2份
[薄荷绿=薄荷巧克力冰淇淋
  巧克力=巧克力冰淇淋
  粉红=草莓冰淇淋]
巧克力豆 ·· 10g
薄荷叶 ·· 适量

◯ 工具

· 冰淇淋挖勺

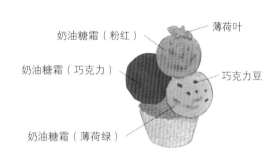

奶油糖霜（粉红）　　　薄荷叶
奶油糖霜（巧克力）　　　巧克力豆
奶油糖霜（薄荷绿）

◯ 做法

1 在奶油糖霜（薄荷绿）里添加巧克力豆，搅拌均匀 a 。所有颜色的奶油糖霜，皆需事先放在冰箱冷却凝固。

2 使用冰淇淋挖勺挖一球奶油糖霜（巧克力），利用容器的侧边压平、整形 b 。

3 把2放在杯子蛋糕上 c 。

4 以相同方式，按顺序放上奶油糖霜（薄荷绿）、奶油糖霜（粉红），摆放时要注意平衡 d 。最后放上薄荷叶当装饰。

盛装顺序的小诀窍

将深色放在下面具有安定感，可以表现出稳重的感觉；最想强调的颜色则放在最上面。这个诀窍，同样适用于其他的甜点装饰。

小雏菊杯子蛋糕

烘烤一大堆小蛋糕，让花儿绽放成花海吧！

只要一想到惹人怜爱的花朵姿态，嘴角就会情不自禁地上扬起来。

❤ 材料（20个）

原味杯子蛋糕 → p86

　用直径3.5cm的杯子蛋糕烤模烤
　成迷你蛋糕‥2份

奶油糖霜 → p95‥2份

　[奶油黄=花蕊

翻糖 → p106

　[白=花瓣糖花‥适量（1朵为
　　10~11片）

罂粟子‥适量

❤ 工具

· 水滴造型压模
· 小钳子
· 挤花袋
· 花嘴

圆口（直径13mm）　圆口（直径3mm）

翻糖（白）

奶油糖霜
（奶油黄）

罂粟子

❤ 奶油糖霜的事前准备

Ⓐ：奶油黄 → 装进套着圆口花嘴（直径
　13mm）的挤花袋。

Ⓑ：奶油黄 → 装进套着圆口花嘴（直径
　3mm）的挤花袋。

❤ 做法

1 使用水滴造型压模在翻糖（白）上切
　出图案ⓐ。 → p107

2 将翻糖一片片贴在擀面杖上弯曲，做
　成糖花花瓣，静置待干ⓑ。

3 在杯子蛋糕中央用Ⓐ挤出一球圆球状
　的糖霜ⓒ。

4 1个杯子蛋糕粘10~11片2的花瓣糖
　花，使用小钳子把3插进去，并尽量
　让花瓣的弧度朝上。

5 使用Ⓑ挤出一圈圆点ⓓ，中间撒上罂
　粟子。也可以依照人喜好挤3圈。

运用身边的工具增加弧度

也可以利用小碗或较圆的汤匙背
面来做花瓣糖花的弧度。

羊羊杯子蛋糕

在糖霜草原上有一头软绵绵的羊，连小小的尾巴都清晰可见……
这么可爱的模样，教人不心动也难！

材料（1个）
原味杯子蛋糕 → p86 ·· 1个
奶油糖霜 → p95 ·· 1份

[白=绵羊的脸、耳朵、尾巴
  黄绿=草原

棉花糖 ·· 1颗
椰子粉 ·· 适量
巧克力点心棒（市售）
·· 切成约2cm的点心棒×4根

工具
· 挤花袋

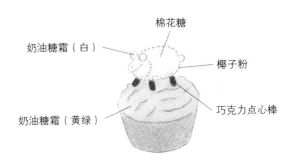

棉花糖
奶油糖霜（白）
椰子粉
奶油糖霜（黄绿）
巧克力点心棒

奶油糖霜的事前准备
Ⓐ：白→装进无花嘴的挤花袋，剪出挤花口。
Ⓑ：黄绿→装在容器里。

做法
1 棉花糖浸过热开水后，裹上椰子粉，制作出绵羊的身体和羊毛 ⓐ。
2 插入4根巧克力点心棒，4只脚就出现了 ⓑ。
3 使用Ⓐ挤出脸、耳朵 ⓒ，在另一端挤出尾巴。
4 把Ⓑ放在杯子蛋糕上，利用汤匙柄做出草原的波纹 ⓓ。最后摆上 3。

借由杯子蛋糕套提高观赏度

杯子蛋糕套（cupcake wrapper），是指刻有精巧图案、用来围住杯子蛋糕的卷纸。只要卷上杯子蛋糕套，可爱度立即提升。本书p66和p80也将会使用杯子蛋糕套。

爱心巧克力杯子蛋糕

在巧克力杯子蛋糕上，挤上大量入口即化的巧克力鲜奶油。
最后再用巧克力爱心糖花，将最真诚的心意都装饰在蛋糕上吧！

♡ 材料（1个）

巧克力杯蛋糕 → p86 ···1个
巧克力鲜奶油 → p97 ···1份
塑形巧克力 → p107
[白=爱心糖花

♡ 工具

· 爱心造型压模（大、小）
· 挤花袋
· 花嘴

10齿（直径13mm）

塑形巧克力

巧克力鲜奶油

♡ 巧克力鲜奶油的事前准备

A：装进套着10齿花嘴的挤花袋，放入
冰箱冷却。

♡ 做法

1 运用塑形巧克力制作爱心糖花。使
用大爱心造型压模切出形状后，接
着使用小爱心造型压模切掉中间的
部分a，放进冰箱保存。 → p107
2 使用A在杯子蛋糕中央挤出一球鲜奶
油，当作增加装饰鲜奶油高度的支柱
b，然后用A在其四周以旋涡状挤鲜
奶油c。
3 放上1的爱心糖花加以装饰d。

简约与成熟兼具的作品

以巧克力面糊制成的杯子蛋糕为
基座，搭配因利口酒而产生画龙
点睛效果的巧克力鲜奶油，演绎
出这款口味地道的爱心巧克力杯
子蛋糕。本款杯子蛋糕的装饰，
建议应选择简约典雅的风格。

大马士革玫瑰杯子蛋糕

添加了立体玫瑰花瓣的杯子蛋糕，轻轻咬一口，玫瑰的风味瞬间在嘴里扩散。
这款杯子蛋糕不论在外观或口味上，都能让人充分感受到玫瑰的魅力。

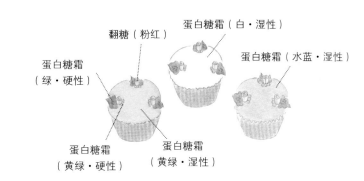

翻糖（粉红）

蛋白糖霜（白·湿性）

蛋白糖霜
（绿·硬性）

蛋白糖霜（水蓝·湿性）

蛋白糖霜
（黄绿·硬性）

蛋白糖霜
（黄绿·湿性）

♡ **材料**（3个）

玫瑰杯子蛋糕 → p87 ·· 3个

荔枝利口酒 ·· 适量

蛋白糖霜 → p94 ·· 1份

（硬性）
- 绿=叶子
- 黄绿=小叶子

（湿性）
- 黄绿=轮廓
- 白=底色
- 水蓝=底色

翻糖 → p106
- 粉红=迷你玫瑰糖花

♡ **工具**
- 刻花刀
- 毛刷
- 小钳子
- 挤花袋
- 花嘴

叶齿（直径9mm）

♡ **蛋白糖霜的事前准备**
（硬性）

A：绿→装进套着叶齿花嘴的挤花袋。

B：黄绿→装进无花嘴的挤花袋，剪出
挤花口。

（湿性）

C：黄条→装在容器里。

D：白→装在容器里。

E：水蓝→装在容器里。

♡ **做法**

1 使用翻糖（粉红）制作迷你玫瑰糖
花，并且把玫瑰的底部修平 。
→ p106

2 毛刷蘸取荔枝利口酒，涂在蛋糕上。

3 把 C、D、E 分别披覆在蛋糕的表
面，静置到完全干燥。

4 用 A 挤叶子 ，趁蛋白糖霜尚未干
燥，放上1的迷你玫瑰糖花。
→ p102

5 在靠近迷你玫瑰糖花的下方，使用 B
挤出3个小圆点 。

♡ **搭配简单的果酱**

在30g覆盆子果泥和1/2小匙玫瑰
糖浆调成的果酱，用杯子蛋糕蘸
着吃，更能突显玫瑰的香气。

毛毛虫杯子蛋糕

好玩的蛋糕连连看，竟然可以连成一只毛毛虫。
这种只需排列顺序的装饰方法相当有趣，非常合适用在小朋友的派对上。

💙 **材料**（1组）

原味杯子蛋糕 → p86
　用直径3cm的纸杯烤成迷你杯子
　蛋糕…5个
蛋白糖霜 → p94…1份
（湿性）

　┌ 红＝触角
　│ 黄＝脸
　│ 绿＝身体
　└ 黄绿＝身体

巧克力笔（褐）…1支
点心棒（市售）…长约3.5cm、切
口斜切的点心棒×2根

💙 **工具**

· 不锈钢平盘网
· 牙签

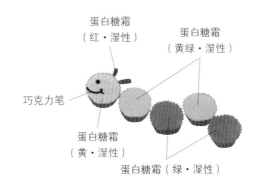

蛋白糖霜
（红·湿性）

蛋白糖霜
（黄绿·湿性）

巧克力笔

蛋白糖霜
（黄·湿性）

蛋白糖霜（绿·湿性）

💙 **蛋白糖霜的事前准备**
（湿性）

Ⓐ：红 → 装在容器里。
Ⓑ：黄 → 装在容器里。
Ⓒ：绿 → 装在容器里。
Ⓓ：黄绿 → 装在容器里。

💙 **做法**

1. 点心棒用Ⓐ裹上糖衣，放在不锈钢平盘网上，直到完全干燥ⓐ。

2. 使用Ⓑ覆盖其中一个杯子蛋糕的表面ⓑ。另外两个杯子蛋糕，则分别以Ⓒ和Ⓓ覆盖表面，放置到完全干燥。

3. 使用经过热水软化的巧克力笔（褐），在黄色表面的杯子蛋糕画上眼睛、嘴ⓒ。

4. 用牙签在3的侧面戳洞，插入1当成触角ⓓ。

5. 蛋糕的排列不用太整齐，这样才能做出毛毛虫的感觉。

组合成一个蛋糕

杯子蛋糕的装饰通常是以一个为主，不过，若把很多个杯子蛋糕组合起来，可装饰的范围就扩大了。例如，制作一大堆画着树叶的蛋糕，摆在一起就像一棵枝叶茂密的树；或是在杯子蛋糕上画窗户，然后连成圆形，变成一座摩天轮。

婴儿用品杯子蛋糕

小宝贝的诞生，让众人都沉浸在幸福的氛围里。
制作色彩柔和、温暖可爱的杯子蛋糕，当成纪念礼物吧！

♥ **材料**（2个）
原味杯子蛋糕 → p86 ⋯2个
蛋白糖霜 → p94 ⋯1份
（硬性）
┌ 白=木马糖花的轮廓、细部图案、
│　　鬃毛，黏着剂，围兜的轮廓、
│　　蝴蝶结、花边
└ 粉红=文字
（湿性）
┌ 白=木马糖花的轮廓、围兜的轮廓
└ 粉红=蛋糕底色

♥ **工具**
· 木马糖花的纸型 → p105
· 挤花袋

> 蛋白糖霜（白·湿性）
>
> 蛋白糖霜（白·硬性）
>
> 蛋白糖霜（白·硬性）
>
> 蛋白糖霜（粉红·硬性）
>
> 蛋白糖霜（粉红·湿性）

♥ **蛋白糖霜的事前准备**
（硬性）
Ⓐ：白→装进无花嘴的挤花袋，剪出挤
　　花口。
Ⓑ：粉红 →装进套着圆口花嘴的挤花
　　袋。
（湿性）
Ⓒ：白→装进无花嘴的挤花袋，剪出挤
　　花口。
Ⓓ：粉红→装在容器里。

♥ **做法**
1 使用Ⓐ、Ⓒ制作木马糖花。→ p104
2 把Ⓓ覆盖在杯子蛋糕的表面ⓐ，静置
　到完全干燥。
3 木马（左页照片右）：剥掉1木马糖
　花的烤盘纸，用Ⓐ粘在杯子蛋糕表
　面，然后描出木马的轮廓、细节图案
　和鬃毛ⓑ。
4 围兜（左页照片左）：在杯子蛋糕表
　面用Ⓐ画围兜的轮廓，中间用Ⓒ涂满。
　再用Ⓐ画蝴蝶结、圆点与花边ⓒ，静
　置到完全干燥。→ p102、100
　用Ⓑ写出英文字ⓓ。→ p102

> **擅用不同的主题**
>
> 由于杯子蛋糕的外观圆润，适合
> 以线条圆滑的物品为主题，例如
> 婴儿车就很适合哟！

缤纷蜡烛蛋糕卷

超可爱的装饰与口感清爽的奶油馅，是这款蛋糕最为吸引人之处。
蛋糕卷的内馅，填入了大量令人怀念的咖啡奶酪鲜奶油。

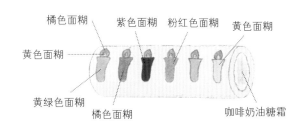

橘色面糊　紫色面糊　粉红色面糊　黄色面糊
黄色面糊
黄绿色面糊
橘色面糊
咖啡奶油糖霜

❤ **材料**（21cm×21cm烤盘1个）
原味蛋糕卷 → p86

　生面糊 ‥1份
蜡烛图案的面糊

　黄油（无盐）、糖粉、蛋白、低
　　筋面粉 ‥各5g
　食用色素（红[R]・金黄[Y]・墨绿
　　[G]・紫罗兰[V]）‥各适量
奶油糖霜 → p95 ‥2份
即溶咖啡 ‥20g

❤ **工具**
・蜡烛纸型 → p111
・烤盘纸
・挤花袋

依照一根一根的蜡烛图案切蛋糕

切蛋糕时，若每块蛋糕上都有一根蜡烛图案，一定很可爱。不只是派对主角，连在场的其他人都可以分到"蜡烛不会熄灭"的蛋糕，这样的蛋糕想必会成为炒热宴会气氛的主角。

❤ **蜡烛图案面糊的事前准备**

A：无盐黄油搅拌柔软后，加入糖粉、蛋白、低筋面粉再仔细搅拌，分成5等份。

B：橘色面糊＝A＋食用色素[R][Y]。

C：黄色面糊＝A＋食用色素[Y]。

D：黄绿色面糊＝A＋食用色素[Y][G]。

E：紫色面糊＝A＋食用色素[V]。

F：粉红色面糊＝A＋食用色素[R]。

→B~F分别装进无花嘴的挤花袋，剪出挤花口。

❤ **做法**

1　把烤盘纸放在蜡烛纸型上，使用B描绘出火焰的轮廓。用C画焰火中心，再用B涂满剩下的火焰空间a。

2　运用B、C、D、E、F各描出一根蜡烛的轮廓，并以左右来回挤的方式涂满b。

3　把2铺在烤盘上，迅速倒入原味面糊，倒的时候注意不要破坏蜡烛图案c。以170℃的烤箱烤20~30分钟，静置冷却。

4　以少许热开水调节即溶咖啡，再倒进奶油糖霜里搅拌，做成咖啡奶油糖霜。

5　把4涂抹在3上，中间的分量要多些，呈山状，把左右两边紧密贴合在一起，最后修整形状d。

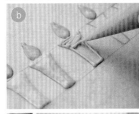

飞蝶杯子蛋糕

杯子蛋糕上，色彩斑斓的立体蝴蝶犹如真正的蝴蝶正在飞舞着。
覆盖在杯子蛋糕上的糖霜以及蝴蝶糖花的颜色，可自由搭配。

○ 材料（3个）

原味杯子蛋糕 → p86 ‥3个

蛋白糖霜 → p94 ‥2份

（硬性）

[黄=蝴蝶翅膀的轮廓、触角、身
  体、黏着剂

（湿性）

[黄=蝴蝶翅膀的底色和花纹、蛋糕
  底色

  水蓝=蝴蝶翅膀的底色和花纹、蛋
  糕底色

  粉红=蝴蝶翅膀的底色和花纹、蛋
  糕底色

  黄绿=蝴蝶翅膀的底色和花纹、蛋
  糕底色

○ 工具

· 蝴蝶纸型 → p105
· 不锈钢方形模具
※ 可用方形盒子代替
· 挤花袋
· 花嘴

圆口（直径3mm）

图案变化

运用点点或花朵等图案装饰蛋糕
也非常可爱。点点和蝴蝶的组
合，给人活泼的感觉；花朵图案
则可以营造出蝴蝶戏花的感觉。

蛋白糖霜
（黄·硬性）

蛋白糖霜
（黄·湿性）

蛋白糖霜
（黄·硬性）

蛋白糖霜
（黄·硬性）

蛋白糖霜
（水蓝·湿性）

蛋白糖霜
（水蓝·湿性）

蛋白糖霜
（粉红·湿性）

蛋白糖霜
（粉红·湿性）

○ 蛋白糖霜的事前准备

（硬性）

Ⓐ：黄 → 装进无花嘴的挤花袋，剪出挤
花口。

Ⓑ：黄 → 装进套着圆口花嘴的挤花袋。

（湿性）

Ⓒ：黄 → 装在容器里。

Ⓓ：黄 → 装进无花嘴的挤花袋，剪出挤
花口。

Ⓔ：水划 → 装在容器里。

Ⓕ：水蓝 → 装进无花嘴的挤花袋，剪出
挤花口。

Ⓖ：粉红 → 装在容器里。

Ⓗ：粉红 → 装进无花嘴的挤花袋，剪出
挤花口。

Ⓘ：黄绿 → 装在容器里。

Ⓙ：黄绿 → 装进无花嘴的挤花袋，剪出
挤花口。

○ 做法

1 先用Ⓐ描出蝴蝶翅膀的轮廓，再用Ⓓ、
Ⓕ、Ⓗ、Ⓙ把翅膀涂满，在糖霜变干之
前，用Ⓓ、Ⓕ、Ⓗ、Ⓙ画上花纹ⓐ。使
用Ⓐ挤出两根触角ⓑ。 → p104

2 组合Ⓑ与1的蝴蝶翅膀，做成立体蝴蝶
糖花ⓒ。 → p104

3 分别把Ⓒ、Ⓔ、Ⓖ、Ⓘ覆盖在杯子蛋
糕表面，放置到完全干燥。

4 用Ⓑ黏合2的立体蝴蝶糖花和3的杯子
蛋糕ⓓ。

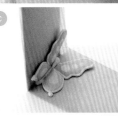

海芋杯子蛋糕

运用海芋糖花装饰在杯子蛋糕上，更显高雅大方。

这款杯子蛋糕可以当成小型结婚蛋糕，也可以当成结婚伴手礼。

◎ 材料（1个）

原味杯子蛋糕 → p86 ·· 1个

翻糖 → p106

- 白=海芋花瓣，覆盖蛋糕上方
- 黄=海芋花蕊
- 绿=条纹
- 黄绿=条纹

蛋白糖霜 → p94 ·· 1份

（硬性）

- 白=直线、蛋糕边绿的装饰

◎ 工具

- 圆形压模（直径5cm）
- 刻花刀
- 挤花袋
- 花嘴

圣安娜花嘴
（直径13mm）

翻糖（黄）

翻糖（白）

蛋白糖霜（白·硬性）

翻糖（绿）

翻糖（黄绿）

◎ 蛋白糖霜的事前准备

（硬性）

A：白→ 装进无花嘴的挤花袋，剪出挤花口。

B：白 → 装进套着圣安娜花嘴的挤花袋。

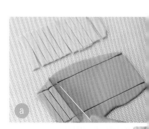

◎ 做法

1 使用翻糖制作海芋糖花（白、黄）。→ p107

2 把翻糖（绿、黄绿）擀成厚度2mm的糖片，再用刻花刀切成宽7～8mm的长方形（依照蛋糕的高度决定长度），各切成10~15根长条 a。

3 把2贴在杯子蛋糕的侧面，绿色和黄绿色交替，用A挤出直线遮住接缝 b。

4 把翻糖（白）擀成厚2~3mm的糖片，用圆形压模切圆，覆盖在杯子蛋糕上。用B把1的海芋糖花粘上去 c。

5 用B挤糖花装饰杯子蛋糕的边缘 d，使上面和侧面的翻糖黏合。

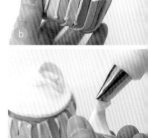

侧面也要装饰！

装饰不仅局限于甜点的表面。去掉烘烤纸杯，把侧面也装饰起来吧！

双蛋焦糖杯子蛋糕

甜中带着微苦的滋味，是焦糖口味的迷人之处。

这次装饰的主题是"蛋"，相当适合用于生日、庆祝宝宝诞生的场合。

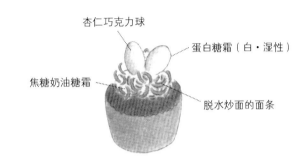

杏仁巧克力球

蛋白糖霜（白·湿性）

焦糖奶油糖霜

脱水炒面的面条

♥ 材料（1个）

焦糖杯子蛋糕 → p87 ·· 1个

奶油糖霜 → p95 ·· 1份

焦糖酱 → p87 ·· 10g

蛋白糖霜 → p94 ·· 1份

（湿性）

[白=轮廓

杏仁巧克力球（市售）·· 2个

脱水炒面的面条（市售）·· 适量

♥ 工具

· 不锈钢平盘网

♥ 蛋白糖霜的事前准备

（湿性）

Ⓐ：白→装在容器里。

♥ 做法

1 奶油糖霜里加入焦糖酱混合均匀，就
完成焦糖奶油糖霜。

2 杏仁巧克力球裹上一层Ⓐ的糖衣ⓐ，
放在不锈钢平盘网上完全干燥ⓑ。

3 用汤匙舀一球1的焦糖奶油糖霜，放
在杯子蛋糕中央，再把揉散的脱水炒
面均匀放在焦糖奶油糖霜上ⓒ。

4 把2装饰在焦糖奶油糖霜的中央ⓓ。

更有效率的做法

制作焦糖面糊→p87的时候，把
焦糖酱的分量改成2份，可以加
快后续的制作速度。一半的焦糖
酱加到焦糖面糊里，另一半则拿
来做奶油糖霜。

鲜花奶酪挞

刚从院子摘下来的鲜花，装饰在蛋糕上依然娇艳动人。
大量涂抹浓郁的奶酪鲜奶油，让蛋糕的风味也锦上添花。

奶酪鲜奶油
食用鲜花
薄荷叶

◔ **材料**（5个直径6cm的布里欧）

原味蛋糕 → p86
　将原味面糊倒入布里欧（brioche）
　烤模的1/3的位置，烤成蛋糕···5个
奶酪鲜奶油 → p96···1份
食用鲜花···5朵
薄荷叶···5片

◔ **工具**

· 布里欧烤模（直径6cm）

◔ **做法**

1 将奶酪鲜奶油直接涂在布里欧烤模里的蛋糕上，用汤匙柄把表面抹平 a。
2 摘除食用鲜花的花萼 b。
3 把2放在1上 c。花瓣贴着奶酪鲜奶油的表面，看起来就像压花，最后用薄荷叶加以装饰 d。

连同烤模当成礼物

建议不脱烤模，直接当成礼物送人，收到的人对这个额外的小惊喜肯定会很高兴。另外一个优点，就是方便携带。除了金属制的烤模，也可以使用硅胶制的。

妈妈磅蛋糕

青柠奶酪鲜奶油与糖渍青柠的搭配，呈现出清爽的蛋糕风味。
最后再用妈妈喜欢的餐具装饰，这样就完成啰！

♡ 材料（5.5cm×27cm×4cm的磅蛋糕模1个）

原味蛋糕 → p86
　添加了朗姆酒的原味面糊，倒入
　蛋糕 ·· 1份
青柠奶酪鲜奶油 → p96 ·· 2份
「青柠绿=涂在蛋糕的上面，侧面
巧克力笔（白）·· 2~3支
转印纸
塑形巧克力 → p107
青柠（切成半圆形薄片）·· 适量
砂糖、冷开水 ·· 各适量

♡ 工具

·水壶纸型 → p111
·磅蛋糕烤模（5.5cm×27cm×4cm）
※长度18cm的也可以
·汤匙纸型
·叉子纸型
·刀子纸型
·奶油抹刀

巧克力棒+转印花纹的围裙糖花　　　糖渍青柠

青柠奶酪鲜奶油（青柠绿）　塑形巧克力

提高作品完成度的转印纸

转印纸可以把图案转印在巧克力表面。如同本书所介绍的，用巧克力笔直接在转印纸上绘图，就可以随心所欲、轻轻地画图和上色。

※有些巧克力笔较不容易转印。若无法转印的话，请试试其他品牌的产品。

♡ 做法

1 制作糖渍青柠。把分量相同的砂糖、冷开水放入锅子里，开火熬至溶化，做成糖浆。糖浆趁热倒在青柠上，降温之后包上保鲜膜，静置一晚。

2 制作围裙糖花。使用泡过热水已软化的巧克力笔（白），在转印纸上画围裙 ⓐ，放进冰箱冷却凝固。

3 使用塑形巧克力做出汤匙、叉子、刀子、水壶造型的糖花。→ p107

4 使用奶油抹刀把青柠奶酪鲜奶油（青柠绿）涂抹在蛋糕的上面和侧面，然后用厨房纸巾把1的水分擦掉，贴在蛋糕侧面 ⓑ。

5 剩下的青柠奶酪鲜奶油（青柠绿），用汤匙随意淋在蛋糕上。

6 冷却的围裙花，快速撤下转印纸后 ⓒ，和1、3平均地装饰在蛋糕上 ⓓ。

杯子蛋糕的做法

这里介绍的虽是以烘烤纸杯制作的杯子蛋糕，不过，面糊的作用却很广，
使用烤盘制作就变成蛋糕卷，使用磅蛋糕烤模制作就变成磅蛋糕。

原味杯子蛋糕

这款绵密柔软、稍具弹性的海绵蛋糕面糊，不管使
用哪种装饰都很合适。

◐ **材料**（1份=约8个直径5cm的杯子
蛋糕）

全蛋‥3个（每个58~64g）

糖粉‥90g

低筋面粉‥90g

黄油（无盐）‥20g

＊若是做巧克力面糊，改成低筋面粉
80g、可可粉10g

＊若是做咖啡面糊，在低筋面粉里多加1
小匙泡打粉（baking powder），一起
过筛，用少许热开水调成即溶咖啡，舀
2¹/₂小匙一起加进面糊，之后再倒入低
筋面粉

◐ **事前准备**

· 让鸡蛋回到常温的温度

· 低筋面粉过筛 → p42

· 隔水加热熔化无盐黄油

· 烤箱预热至160℃

◐ **保存期限**

· 烤好后→用保鲜膜包住，常温下可
保存3天，冷藏约1周。

※保存的时候，建议在旁边放一点水
以免蛋糕变干。或是用洋酒和树胶
糖浆（gum syrup）（或冷开水）
以1：1的比例混合，用毛刷涂在
表面，可维持蛋糕的清爽风味。

◐ **做法**

❶ 将全蛋倒入容器，用搅拌器
把空气搅打进全蛋液里。分3次
加糖粉混合，把蛋液打到搅拌器
拿起时会出现挺立尖角的发泡程
度。

❷ 分3次添加低筋面糊，用橡皮
刮刀搅拌均匀（注意不要让面糊
消泡）。

❸ 熔化的无盐黄油绕着容器边缘
加进面糊里，轻柔搅拌。

❹ 在杯子蛋糕烤模中放入进烘烤
纸杯，倒入面糊，以160℃的烤
箱烤15~20分钟。烘焙的时间因
烤模而异，所以等蛋糕变成浅金
黄色后再确认是否烤好即可。将
竹签插进蛋糕里，如果没有黏附
生面糊，就表示OK了。

玫瑰杯子蛋糕

此款面糊添加了玫瑰花瓣和荔枝利口酒，吃起来口感丰富。
用于制作大马士革玫瑰杯子蛋糕 → p68。

◯ 材料

（约8个直径5cm的杯子蛋糕）
全蛋‥3个（每个58~64g）
糖粉‥90g
低筋面粉‥90g
黄油（无盐）‥20g
大马士革玫瑰（干燥）
‥5~7朵
荔枝利口酒‥1大匙

◯ 保存期限

·烤好后→用保鲜膜包住，常温
下可保存3天，冷藏约1周。

◯ 做法

1 把荔枝利口酒淋在大马士革玫
瑰上，轻轻地把花瓣揉软。

2 材料搅拌到和原味面糊的**1**同
样时，加入浸过荔枝利口酒的
大马士革玫瑰，搅拌均匀。
3 后续步骤和原味面糊的**2~4**相
同。

焦糖杯子蛋糕

这款面糊充满浓浓的焦糖香。
用于制作双蛋焦糖杯子蛋糕 → p80。

◯ 材料

（约8个直径 5cm的杯子蛋糕）
全蛋‥3个（每个58~64g）
糖粉‥90g
低筋面糊‥90g
泡打粉‥1小匙
奶油（无盐）‥20g
焦糖酱
　┌ 细砂糖‥30g
　└ 热开水‥50ml
※低筋面粉和泡打粉一起过筛

◯ 保存期限

·烤好后→用保鲜膜包住，常温
下可保存3天，冷藏约1周

◯ 做法

1 细砂糖放在锅子里以小火熬
煮，边转动锅子边加热（不要
用汤匙搅拌），直到糖浆变成
褐色且散发出香气。
2 糖浆即将转成自己喜欢的焦糖
色之前，把锅子从炉火上移

开，此时一口气倒入热开水，
并停止加热以免焦糖继续焦
化。
3 开中火，边转动锅子边加热，
等到糖浆变成色泽均匀光滑的
焦糖酱就关火。置于常温等待
余温冷却。
4 材料搅拌到和原味面糊的**1**同
样时，加入焦糖酱搅拌均匀，
后续步骤和原味面糊的**2~4**相
同。

调制面糊的注意事项

·加入粉状材料时（例如可可粉）
把低筋面粉的10%~20%改成可可粉，和低筋面
粉混合再过筛。

·加入固状材料时（例如果皮）
低筋面粉的分量不变，把分量相当于10%~20%
面粉的固状材料加进面糊里。如果要加两种以
上的固状材料，所有的固状材料加起来等于面
粉的10%~20%即可。

礼物包装的方法

这里要介绍几种包装方式，
让装饰好的饼干、杯子蛋糕变得更可爱抢眼。

❀ 深夜的动物园

→ p8

模拟关在兽栏里的动物形象，把动物饼干装进金属制的篮子里吧。绑上写着"ZOO"（动物园）的标签，形象的包装就完成了！如果怕饼干碰撞产生破裂，铺上缓冲素材就万无一失了。

❀ 甜莓饼干 杯子蛋糕

→ p16

在双层纸盒的下层放杯子蛋糕，上层放草莓饼干和原味鲜奶油。这份礼物的有趣之处，在于收到的人可以自己做草莓蛋糕。

🎀 传统和服纹样 → p34

把传统和服纹样放进厚度较厚的相框。先用蛋白糖霜把饼干粘在底纸上再放进相框，就无须担心会移动了。若选用漆光色的相框，更能营造氛围。

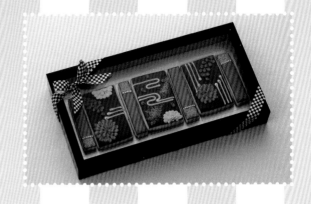

🎀 三层婚礼蛋糕饼干 → p40

参照下图的折法。在厚纸上标出折痕，用打纽钳钉上金属圈。把3层婚礼蛋糕饼干放进透明袋，在袋子的左右两侧钉上金属护圈。两条缎带（粗、细）一起打单结，把装了饼干的袋子和厚纸重叠，用缎带穿过金属护圈ⓐ。另一边的做法相同，再把厚纸折起来绑上蝴蝶结。

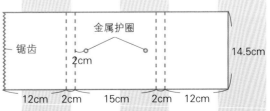
ⓐ

※根据想赠送的饼干大小来选择厚纸的尺寸，则很多饼干都能用这个方法包装

金属护圈

锯齿

2cm

14.5cm

12cm　2cm　15cm　2cm　12cm

❀ 蝴蝶结康康帽

→ p38

把有盖的圆形纸盒翻过来使用。在盖子的左右两侧各割一个缝，穿过两条缎带 a。康康帽放在盖子上，盖上纸盒，绑上蝴蝶结。素雅帽盒包装就完成了。

❀ 毛毛虫杯子蛋糕

→ p70

把毛毛虫杯子蛋糕放进透明的蛋糕卷包装盒里。用双面胶或发夹固定烘烤纸杯的底部，避免杯子蛋糕移动。将缎带贴在盒盖上，可爱的包装就完成了。

Part3

基础装饰技巧

本章介绍糖霜、造型糖花的做法，

以及甜点装饰的基础知识。

无论是初学者还是想要精进装饰技巧的读者，

相信都能在此找到进阶的诀窍。

如果把这些技巧都学会，

做出来的装饰甜点将会更完美。

工具与材料

这里要介绍装饰甜点用的主要工具与材料。
至于调配面糊的工具，则依照个人状况准备即可。

饼干压模

具有各种不同的造型，轻
轻松松就能做出可爱的饼
干。在烘焙专卖店都能买
到。

杯子蛋糕烤模

本书使用上部直径 6cm、
底部直径 5cm 的马芬烤
模。一般使用的是烘烤纸
杯。

烘烤纸杯

用来填装面糊的纸杯形烤
模，具有各种尺寸、颜色
和图案。

擀面杖

照片下图是用来延展翻糖
的擀面杖。照片上图则是
擀平面团或使翻糖糖花增
加弧度的擀面杖。

挤花袋

分成 PE 材质和棉质。
※两者的使用区别
→p109

花嘴

具有各种形状，可
依个人喜好选择。

花嘴转换器

只要套在挤花袋的前端，
就可以随时更换花嘴。同
一个挤花袋能够套换不同
的花嘴，非常方便。

抹刀

在蛋糕表面涂抹鲜
奶油的工具。

刻花刀

沿着纸型裁切饼干
面糊，或在翻糖糖
花上雕刻图案时使
用。

常用的装饰工具

汤匙

把蛋白糖霜旋转或涂
抹于甜点上。建议使
用小汤匙，这样比较
好控制。

小钳

将细小的装饰材料镶
嵌在甜点上。

牙签

在蛋白糖霜上画出羽
毛之类的图案，并且
进行细部装饰。

吸管

在饼干面糊上打洞穿
绳子，或是制作装饰
型的孔洞。

甜点专用印章

在饼干面糊或翻糖上
盖印文字。如果是新
的文具用印章，清洗
后也可以使用。

小筛子

把糖粉、可可粉过筛
撒在甜点上的工具。

毛刷

扫掉玉米粉，或在蛋
糕面糊上涂抹利口酒
或糖浆时使用。

甜点专用画笔

在本书中，把食用色
素溶在冷开水里调成
色素水，用画笔蘸取
绘图。→p13

材料

蛋白

制作糖霜时使用。

糖粉

制作糖霜或制造细雪般
的装饰效果时使用。

细砂糖

制作糖霜、鲜奶油或制造光
泽感的装饰效果时使用。

黄油

制作糖霜、鲜奶油的材料。
本书使用的是无盐黄油。

翻糖粉

加冷开水揉成翻糖，用于糖
花的制作。

塑形巧克力

捏塑造型用的巧克力，依照
黏土的使用方式直接使用即
可。用于糖花的捏塑。

食用色素

本书使用的是美国Wilton公
司的食用色膏。也可以使用
食用色粉。

※食用色素的使用方法→p97

常用的装饰材料

糖花

用蛋白糖霜、翻糖、
塑形巧克力做成各种
形状的糖花。

※以上3种材料的使用
区分→p109

巧克力笔

具有很多颜色，是描绘
文字和图案的好帮手。

棉花糖

除了白色，还有绿色、
粉红色、黄色等各种色
彩。

香料

建议使用形状较可爱的
八角、肉桂棒等。

食用珍珠球

颗粒状的砂糖球，有
各种颜色和形状。

各种香草

例如薄荷等，可以为装
饰增加香气，也扮演着
画龙点睛的效果。

市售点心

如市售的饼干棒、杏
仁巧克力球等。

金箔、银箔砂糖

裹上金箔或银箔的细
砂糖。

红胡椒粒

外皮是红色的胡椒粒，
但却没有一般胡椒的辛
辣味。

罂粟子

装饰效果佳，粒粒分明
的口感也受人喜爱。

糖霜的基本做法

以下介绍两种装饰甜点时
不可或缺的糖霜做法。

蛋白糖霜

◆ 材料（1份）

糖粉··200g
蛋白··1$\frac{1}{2}$大匙
柠檬汁（或冷开水）··1小匙

◆ 保存期限
·冷藏约1周

如何打出易于
操作的蛋白糖霜?

请使用呈直挺角度的硬性蛋白
霜，这种蛋白糖霜光滑细致且易
于操作。如果材料太少，比较不
容易发泡，建议使用2份以上的
材料为佳。

◆ 做法

❶ 把糖粉加到容器里，分成几次
少量加入蛋白，并用汤匙混合。
※只用糖粉和冷开水也可以做出
糖霜，不过加了蛋白会使糖霜产
生弹性且易于操作。

❷ 搅打到糖粉的颗粒完全不见，
变成黏稠的糊状。

❸ 分次少量地加入柠檬汁，搅打
至光滑没有结块的程度。可依照
用途来调整浓度。（→调整参考
下面"调整蛋白糖霜的硬度"）
※柠檬汁会缩短蛋白糖霜的干燥
时间，也有使糖霜变白的效果。

调整蛋白糖霜的硬度

若糖霜太湿，请分次加入少许糖
粉来调整；若太干，则可分次加
入少量冷开水。糖粉可以事先多
准备一点备用。

硬性

糖霜被舀起后，拉出挺
立的角度且不会滴落。

湿性

糖霜被舀起后，呈现自
然往下流动的样子，且
大约3秒后流动痕迹会消
失。

奶油糖霜

♡ **材料**（1份）
蛋白··25g
细砂糖··40g（分成5g和35g）
冷开水··2小匙
黄油（无盐）··100g

♡ **事先准备**
· 事先将无盐黄油放在室温下软化 → p42

♡ **保存期限**
· 常温约5天，冷藏约1周。因为不含蛋黄，所以也可以常温保存。
※由于放在冰箱冷藏会变硬，使用前请先拿出来放置1~2小时，待软化后再使用（食用时亦同）。

♡ **做法**

❶在蛋白里放入5g细砂糖，用搅拌器打至呈直挺尖角的硬性蛋白霜。

❷在锅里加入35g细砂糖和水，用中火熬煮，当沸腾产生的大气泡变小即可熄火。

❸把❶和❷分2~3次倒进容器里打至发泡，直到呈直挺尖角的状态。

❹呈直挺的尖角。

❺将无盐黄油搅打到光滑柔软的状态，取❹的1/3分量加入，使用橡皮刮刀搅拌均匀。

❻把剩下的❹也加进去，搅拌到表面光滑的程度。

鲜奶油的做法

以下介绍本书使用的各式鲜奶油口味的制作步骤，
以及食用色素的染色法。

原味鲜奶油

♥ **材料**（1份）
液态鲜奶油‥100ml
细砂糖‥‥10g

♥ **保存期限**
· 冷藏1~2日

♥ **做法**
1 把细砂糖加进液态鲜奶油中。
2 容器底部浸着冰水，用搅拌器
  打至八分发（即拿起搅拌器，
  呈浓稠光滑的尖角）ⓐ。

奶酪鲜奶油

♥ **材料**（1份）
奶油奶酪‥‥100g
糖粉‥‥10g
柠檬汁‥‥1/4小匙
＊若制作青柠奶酪鲜奶油，则把柠
  檬汁改成青柠汁。

♥ **保存期限**
· 冷藏约2日

♥ **做法**
1 奶油奶酪放在室温回软后，用
  搅拌器搅打到光滑柔软的状
  态。
2 加入糖粉搅拌至颗粒完全不
  见，倒入柠檬汁搅拌均匀ⓐ。

马斯卡彭奶酪鲜奶油

♥ **材料**（1份）
马斯卡彭奶酪‥‥100g
枫糖浆‥‥1大匙

♥ **保存期限**
· 冷藏约2日

♥ **做法**
在马斯卡彭奶酪里加入枫糖浆
ⓐ，再用搅拌器搅打至表面光
滑。

巧克力鲜奶油

● 材料（1份）

烘焙专用的苦甜巧克力‥100g

黄油（无盐）‥20g

利口酒（君度橙酒、白兰地、薄荷酒等）‥少许

液态鲜奶油‥100ml

※也可以使用巧克力砖（牛奶）

● 保存期限

· 冷藏约2日

● 做法

1 把巧克力切碎备用。

2 在容器里加入1和无盐黄油，边隔水加热边用橡皮刮刀搅拌成光滑的巧克力糊 ⓐ。

3 将隔水加热的钢盆移开，在巧克力糊里加入利口酒增添风味。

4 倒入液态鲜奶油，搅拌到拿起搅拌器会留下挺立尖角的硬度 ⓑ。如果巧克力糊太软，放入冰箱里冷却一会儿再搅拌即可。

彩色糖霜

● 添加食用色素的方法

❶ 使用牙签前端蘸一点食用色素，加入p94~95的白色糖霜里。

❷ 用汤匙仔细搅拌，重复步骤直到调出满意的颜色。

食用色素的使用方法

本书使用美国Wilton公司的食用色素Ⓐ，系含有水分的膏状，所以不需加水溶解，可以直接使用。若是色粉Ⓑ的话，请加入少许冷开水，溶解后再使用。

Ⓐ　　Ⓑ

各种颜色的调配比例

在雪白的糖霜中加入食用色素，就可以调出五颜六色的糖霜。
以下是本书常用的颜色与调色的比例。

◯ 色系表

◯ **基本的白色糖霜**→p94~95、
翻糖、塑形巧克力

食用色素的颜色（Wilton公司）

● 红（red）
金黄（golden yellow）
● 宝蓝（royal blue）

● 苔绿（moss green）
紫罗兰（violet）
棕（brown）
● 黑（black）

食用色素的添加量

◯ =少
◯ ◯ =一般
◯ ◯ ◯ =多

颜色	食用色素的比例	颜色	食用色素的比例
红	◯ + ● ● ●	绿	◯ + ● ●
深红	◯ + ● ● ● + ●	黄绿	◯ + ● ● + ● ●
朱红	◯ + ● ● + ●	抹茶绿	◯ + ● ● + ● + ●
粉红	◯ + ● ※极少量	青柠绿	◯ + ● ●
浅粉红	◯ + ●	薄荷绿	◯ + ● ● + ● ● + ●
粉橘	◯ + ● + ● + ●	墨绿	◯ + ● ● ● + ●
珊瑚粉	◯ + ● + ●	浅紫	◯ + ● + ●
玫瑰粉	◯ + ●	深紫	◯ + ● ● ●
古典粉	◯ + ● ● + ● + ●	褐	◯ + ● ● ● + ●
黄	◯ + ●	卡其	◯ + ● ●
奶油黄	◯ + ● ●	深卡其	◯ + ● ● + ● ●
蓝	◯ + ● ●	棕灰	◯ + ● ● ● + ● ●
水蓝	◯ + ●	深褐	◯ + ● ● ● + ● + ●
浅蓝	◯ + ● + ●	巧克力	◯ + ● ● ●
深蓝	◯ + ● ● + ● ●	黑	◯ + ●
		灰	◯ + ●

※颜色调配的比例仅是参考值，可依个人喜好调整。

挤花袋的使用方法

挤花袋是甜点装饰的必备工具。
以下将介绍挤花袋的相关基本用法。

填充糖霜的方法

♥ 没有花嘴时

❶把挤花袋套入空瓶中,将袋口向外反折在瓶口,填入糖霜。

❷将袋内的空气挤空,扭紧后用橡皮筋绑好。

❸在挤花袋的三角前端,依照欲挤的线条粗细剪出开口。

♥ 有花嘴时

❶将转换器底座置于挤花袋的三角前端部位、花嘴套上转换器套环,再把花嘴和挤花袋组合锁紧。

❷为了避免糖霜流出,把挤花袋的花嘴部分折起、套进空瓶里,袋口向外反折在瓶口,填入糖霜。

❸扭紧挤花袋的上端,让糖霜往前端集中,再用橡皮筋绑好。

拿法与挤法

虎口握住挤花袋,运用中指到小指施力,根据要做的图案大小来控制力道,挤出图案。

如何摆放使用中的挤花袋?

将湿布折成长条状,把使用中的挤花袋排列放置,可避免挤花干掉,如果挤花袋上方也用湿布覆盖着会更好。如果填充的是湿性蛋白糖霜,用这个方法将导致糖霜溢漏,所以要把花嘴朝上置于杯子、瓶子或不锈钢烤模里,再包上保鲜膜,花嘴朝上摆放就不用担心溢漏了。

糖花装饰技巧

这里要介绍从基础到进阶的各种装饰技巧。
建议在烤盘纸上练习，将有助于掌握小诀窍！

◔ 糖霜的涂法

❶在饼干中央放上大量的湿性蛋白糖霜。

❷使用汤匙背面以画圆的方式抹开糖霜。

想突出饼干的轮廓时

用硬性蛋白糖霜描出饼干轮廓，再用湿性蛋白糖霜把中间涂满。

❤ 直线

在挤花口靠近下方挤一点当起点，然后稍微提高挤花口，运用稳定的力道挤出直线，最后再把挤花口靠近下方，挤一点作为终点并切断糖霜。

❤ 曲线

同直线相同，先挤一点当起点，提高挤花口悬在空中画出曲线。如果要画小曲线，就压得低一点；如果要画大曲线，就悬得高一点。

❤ 流水纹

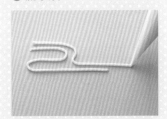

组合直线和曲线的挤法，制作出流水的形状。

确认是否已干燥

当光泽消失、用手指碰触不会留下痕迹时，就表示已经干燥。如果没有耐心等待，可以用吹风机对着糖花吹，这样很快就干了。

❤ 旋涡

从中心开始挤，提高挤花口以旋涡的方式画图。

❤ 圆点

挤花袋垂直挤出圆点，利用施力的大小控制圆点的尺寸。

圆口花嘴
（直径3mm）

 8齿花嘴
（直径5mm）

❤ 水滴形

挤出圆点后，直接往上快速拉出尖角。利用施力的大小控制水滴的尺寸。

❤ 贝壳

稍微倾斜挤花袋，往欲挤花的方向迅速拖曳挤出贝壳的形状。重复此动作，则能够挤出花边。

❤ 蕾丝

运用直线与圆点的技巧挤出蕾丝。先挤出直线，然后沿着直线挤出锯齿，并在中间点出圆点。细线可以表现出蕾丝的精致花纹。

❤ 条纹

等距离挤出直线。线条的粗细之别，会营造出截然不同的风格。

❤ 羽毛

趁涂在饼干上打底的蛋白糖霜尚未干燥时，直接挤上横线，再用牙签纵向划过去，就变成羽毛花纹了。

❤ 点点

重复挤出圆点，本技巧的重点在于"每个圆点之间必须保持相同间隔"。圆点的大小、凹凸的有无，均会给人不同的感受。

平面图案与立体图案

趁饼干表面的蛋白糖霜未干时挤上糖花，会变成平面的图案；如果完全干燥后再挤糖花，则会变成立体图案，给人的感觉也不一样。在蛋白糖霜糖花上画图案，也适用这个原理。→p104

平面图案

趁涂在饼干上当底部的蛋白糖霜未干时，挤上图案，图案和底部融合，变成光滑的表面。底部和图案使用相同浓度的"湿性"糖霜，可避免图案晕开。

立体图案

当底部的蛋白糖霜完全干燥后再挤上图案，会产生凹凸有致的立体图案。请使用硬性蛋白糖霜。

❤ 想让表面亮晶晶时

在蛋白糖霜还没变干时撒上细砂糖，也可使用添加了金箔、银箔的砂糖，将会更具华丽感。

◆ 文字的写法

印刷体

字母的字高一致，写的时候要使字母保持在同一条水平线上。

草写体

首字首大写，其他字母小写，写的时候要注意大小写之间的平衡感。小写字母的字高应保持一致。

◆ 蝴蝶结1

以蝴蝶结的中心为起点开始挤，按照①~④的顺序挤出蝴蝶结。结束的时候，在缎带的尾端挤上小圆点，让蝴蝶结更生动。

◆ 叶子1

叶齿花嘴（直径9mm）

只需施力一次挤出糖霜，顺势放松力道迅速拉起花嘴。

◆ 叶子2

叶齿花嘴（直径9mm）

连续施力挤出皱褶后，放松力道迅速拉起花嘴。

◆ 蝴蝶结2

挤花嘴（直径11mm）

依照①~③的顺序挤出蝴蝶结的形状。排花嘴的齿状常用来表现花纹，所以一边挤要一边注意花嘴口。

◆ 花朵

平口花嘴（直径13mm）

旋转台的方向　花嘴的方向

❶花嘴的一边抵住旋转台作为支点，也当作花朵的中心点，边转动旋转台边挤出第一片花瓣。

❷支点位置不变，花嘴伸进第一片花瓣的下方，按照❶的方式挤出第二片。

❸按照前述方式挤出5片花瓣，就完成一朵花了。可以在中心镶上食用珍珠球或挤出圆点糖花当作花蕊。

❤ 菊花  圆口花嘴
（直径3mm）

❶ 为了呈现菊花花瓣的平衡感，先在4个方位挤出水滴形花瓣，决定大致的轮廓。

❷ 在4片花瓣之间挤满水滴形花瓣，做出菊花的外圈，然后在花瓣的接缝挤出内圈花瓣。

❸ 依相同步骤挤完内圈的水滴形花瓣，完成。

❤ 藤花 圆口花嘴
（直径3mm）

❶ 模拟藤花的垂坠感，先挤出几片水滴形花瓣决定大致的轮廓。

❷ 在花瓣的间隙挤满水滴形花瓣。

❸ 挤的时候注意整体的平衡感，完成。

❤ 玫瑰花  玫瑰花嘴
（直径9mm）

❶ 裁出一张边长3cm的烤盘纸，将布丁烤模倒扣，用胶带把烤盘纸固定在烤模底部，花嘴口较宽的地方抵在烤模底部当支点，边转动烤模边挤出第一片花瓣。

❷ 以第一片花瓣为中心，在其周围挤花瓣。挤玫瑰花的秘诀在于"花嘴抵着布丁烤模不要松开，边转动烤模边移动手腕挤出花瓣"。

❸ 注意玫瑰花的平衡感，同时补满花瓣。补花瓣时，方向要朝外，同时花嘴稍微横躺，挤出来的玫瑰就会很漂亮。

糖花的做法

糖花可以使装饰变得更丰富，但是需花费时间待其干燥。
"糖花必须最先制作"，这是甜点装饰的基本常识。

蛋白糖霜糖花

♥ 基础做法

❶印下本书的纸型，把烤盘纸盖在纸型上。用硬性蛋白糖霜描出纸型的轮廓。

❷中间用湿性蛋白糖霜涂满，细微的部分可以使用牙签辅助。

❸完全干燥后，剥除烤盘纸。

♥ 立体蝴蝶

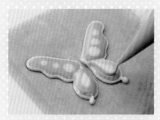  

❶用硬性蛋白糖霜画出蝴蝶的轮廓，再用湿性蛋白糖霜把中间填满。画出蝴蝶翅膀上的平面图案→p101，静置到完全变干。

❷用硬性蛋白糖霜挤出两条触角。

❸在不锈钢方形模具（或方形盒子）的其中两边框贴上烤盘纸。

❹在边框的接缝处挤出一条棒状的硬性蛋白糖霜，然后剥除❶蝴蝶翅膀的烤盘纸，再将翅膀接在棒状成直角状态，静置到完全变干透。

❺自边框取下蝴蝶，并在蝴蝶头部挤出一点硬性蛋白糖霜，把❷触角的烤盘纸剥掉，在糖霜干燥前粘上两根触角。

糖花的摆放时机

蛋白糖霜糖花，容易因甜点上的装饰鲜奶油所含水分而受潮，建议最后再来装饰。而且蛋白糖霜糖花较薄，容易损坏，请小心保存。

蛋白糖霜糖花的纸型

请放大135%影印使用

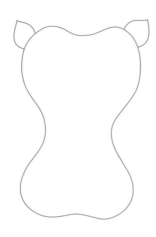

"深夜的动物园"的河马→p8

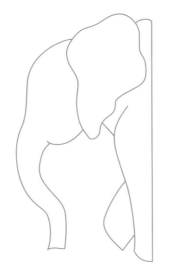

"深夜的动物园"的大象→p8

"深夜的动物园"的猴子→p8

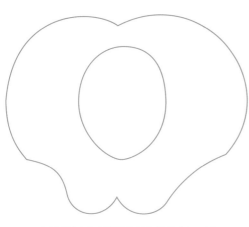

"童话马车&高跟鞋饼干"的马车→p18

"飞蝶杯子蛋糕"的蝴蝶→p76

"婴儿用品杯子蛋糕"的木马→p72

"亮晶晶☆装饰巧克力"的骷髅→p48

"亮晶晶☆装饰巧克力"的手枪→p48

翻糖糖花

❤ 制作翻糖

❶ 加20ml冷开水到200g翻糖粉里，使用橡皮刮刀搅拌至结小块的程度，改用手揉成一团。

❷ 此时还是干燥粗糙的状态。

❸ 把翻糖团放在桌面上，为了避免翻糖团出现粘黏，用手和酥油（shortening），运用全身的重量进行搓揉。

❹ 当翻糖团变得柔软具延展性时，就表示揉好了。

❺ 揉好的翻糖团应立即用保鲜膜包起来，只取要使用的分量。

制作翻糖的注意事项

为了不让翻糖受到污染，先把环境打扫干净再开始制作。揉好的翻糖很容易硬掉，请用保鲜膜紧密包好，使用前务必再次搓揉。一旦翻糖变硬，就无法回复原状，所以要把翻糖变硬的部分去掉！

❤ 迷你玫瑰

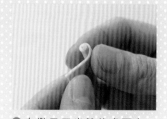

❶ 在撒了玉米粉的桌面上，把染好色的翻糖团擀成厚度2mm的糖片，并以刻花刀切成1cm×3.5cm的长方形。糖片以先高后低、稍微偏斜的方向来卷。

❷ 用刻花刀修平底部使其稳固，完成。

如何将翻糖染色？

用牙签前端蘸取食用色素放在翻糖团上，搓揉到色块完全消失的程度。

❤ 海芋

❶ 在撒了玉米粉的桌面上，把揉好的翻糖团擀成厚2mm的糖片，并以圆形压模（直径5cm）切出圆形，稍微挪移圆形压模，切出椭圆形。

❷ 以染色的翻糖做出长条形的花蕊，用❶包住。

❸ 利用擀面杖的曲线做出海芋的弧度后，切除底部多余的翻糖，直接留在擀面杖上干燥。

❤ 运用压模制作造型糖花

❶ 在撒了玉米粉的桌面上，将已染色的翻糖团擀成厚2mm的糖片，使用喜欢的压模切出图案。

❷ 趁糖花未干时，可以用印章或刻花刀加上想写的文字或图案，静置待干。

❤ 运用印模制作蕾丝糖花

用毛刷在蕾丝印模刷上玉米粉，放上厚2mm的糖片，把另一片印模盖上去，压出图案。去掉多余的翻糖，剥下压模、清除玉米粉，静置糖花待干。

塑型巧克力糖花

❤ 做法

❶ 搓揉塑形巧克力使其软化。接着参照左页示范的"如何将翻糖染色？"，将塑形巧克力染色。

❷ 使用擀面杖擀成厚2~3mm的薄片。

❸ 最后用喜欢的压模切出图案。

Q&A

从装饰甜点的做法到包装赠送的方法，
各种疑问都可以在这里找到答案喔！

Q 描绘在饼干上的图案不小心晕到下层的糖霜了，请问有解决方法吗？

A 很遗憾，没有解决图案晕开的办法，不过为了避免再发生晕开的问题，提供以下几点注意事项。
平面图案：饼干表面的糖霜和画图的糖霜浓度不同，是晕开的原因。防止图案晕开的最好方法，就是使用同一浓度的"湿性"蛋白糖霜。
立体图案：饼干表面的糖霜尚未完全干燥、画图用的糖霜含水量太高，都是造成晕开的原因。请等到饼干表面完全干燥后，再挤上图案。
另外，也可能是温差的缘故。例如，以常温的糖霜涂在饼干表面以后，再用温度较低的糖霜挤出图案，就会导致晕开。因此，请记得使用条件相同的蛋白糖霜。

Q 我想将完成的装饰甜点拿去邮寄，请问该注意哪些细节？

A 为了防止寄送过程导致甜点破损，建立使用缓冲素材包装甜点，并以双面胶固定甜点和包装盒，剩下的缝隙塞满缓冲素材，即可防止晃动。包装完成后，轻轻摇晃包裹，如果没有听到物品移动的沙沙声，表示包得万无一失；若听到有声响，请多塞一些缓冲素材补强。

Q 挤点点图案时，不小心留下尖角，该怎么处理呢？

A 如果蛋白糖霜过硬，就可能会出现尖角，此时请使用蘸湿的画笔抹平尖角。

Q 如何挤出漂亮的花边曲线？

A 运用贝壳花边画曲线的方法，先以蛋白糖霜（硬性·无花嘴）把想画的曲线描一遍。以此作底稿，再挤出贝壳花边盖住底稿的线条，这样就顺利完成了。也可以用同样的技巧画出圆点花边和水滴形花边的曲线。

Q 涂上蛋白糖霜的饼干不小心破掉时，有没有防止破裂的方法？

A 饼干容易受潮，吸收了蛋白糖霜的水分后更容易因受潮而破裂。为了使其保持干燥，建议在饼干下面放干燥剂。

该如何保存装饰好的饼干、蛋糕？

 饼干和干燥剂一起放在密封容器中，常温保存即可，保存期限约1个月。杯子蛋糕的保存方法请参考右图，涂蛋白糖霜或奶油糖霜的杯子蛋糕，常温下可保存约3天，冷藏约1周；涂鲜奶油的杯子蛋糕，大约可冷藏2天。

转紧轻轻往上一拉

在旁边放一杯水，可以防止糖霜变硬

用大张保鲜膜包起来　　把保鲜膜贴在盘子下方

 怎样才能挤出漂亮的花呢？

 用硬性蛋白糖霜挤花朵时，如果硬度超过预期也没关系。其实，蛋白糖霜的最佳硬度，就是手在挤糖霜时感觉糖霜稍硬，不易从花嘴挤出的程度。不过，这种糖霜在挤的时候容易断掉，重点应该是手劲要够强。

 挤花袋分为PE材质和棉质，有何不同？

 蛋白糖霜的色彩繁多，选择用过即可丢弃的PE挤花袋较方便。含有油脂的奶油糖霜及巧克力鲜奶油，若使用材质较薄的PE挤花袋，可能会因为油脂而使花嘴松脱，导致糖霜或鲜奶油从松脱处漏出。因此，使用具有弹性的棉质挤花袋较佳。如果不使用花嘴，直接使用PE挤花袋则无妨。

 以蛋白糖霜、翻糖、塑形巧克力做出来的糖花，运用方式有何不同？

 以下是这3种糖花特性简介，请依照这些特性选出合适的吧！

蛋白糖霜糖花

· 适合表现细腻的图案，或想做丰富的色彩变化时。

· 干燥后会变硬，糖花不易损坏。

· 一受潮就容易化。

· 不适用于鲜奶油装饰的蛋糕。

翻糖糖花

· 适合用来制作立体造型的糖花。

· 使用方法和黏土一样，非常简单。

· 即使做失败了，也可以再揉一揉重复使用。

· 可以长期保存。

· 口感和味道略微欠佳。

塑形巧克力糖花

· 使用方法和黏土一样，非常简单。

· 即使做失败了，也可以再揉一揉重复使用。

· 甜美好吃。

· 适用于鲜奶油装饰的蛋糕。

· 质地过软不易操作。

· 开封后的赏味期短。

纸型

请放大200%影印使用。
蛋白糖霜糖花的纸型→p105。

"双鹤饼干"的红鹤→p20

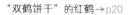

"童话马车&高跟鞋饼干"的马车→p18

"玫瑰花园"的拱门→p36

♥ 饼干纸型的做法

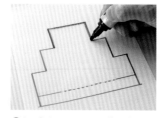

❶纸型影印之后,放进干净的透明文件夹中,用油性奇异笔描出图案。

❷剪下图案,清洗并擦干水分,完成。

♥ 使用方法

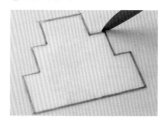

把纸型放在饼干面糊上,用刻花刀沿着轮廓裁切。

"妈妈磅蛋糕"的水壶→p84
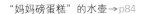

"油印蜡纸饼干~植物的生长~"→p12
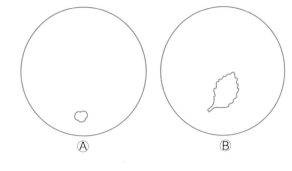

事前准备

纸型影印后，放在干净的透明文件夹下
面，剪出图形。
Ⓐ（发芽的种子）用打洞机打出3个交叠
在一起的洞；
Ⓑ（发芽的嫩芽、双叶、叶子与花）用叶
子打洞机 → p13或用刀片裁出图案。

"三层婚礼蛋糕饼干"的蛋糕→p40
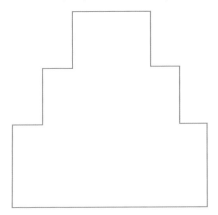

"拼布饼干"的六角形→p28

"缤纷蜡烛蛋糕卷"的蜡烛→p74

图书在版编目（CIP）数据

可爱的彩绘甜点 / 日本 Doze Life Food著；谭颖文译. —沈阳：辽宁科学技术出版社，2015.8

ISBN 978-7-5381-9283-4

Ⅰ.①可…　Ⅱ.①日…　②谭…　Ⅲ.①甜食—制作　Ⅳ.①TS972.134

中国版本图书馆CIP数据核字（2015）第134033号

出版发行：辽宁科学技术出版社
　　　　（地址：沈阳市和平区十一纬路 29 号　邮编：110003）
印　刷　者：沈阳市博益印刷有限公司
经　销　者：各地新华书店
幅面尺寸：168mm×236mm
印　　张：7
字　　数：100 千字
出版时间：2015 年 8 月第 1 版
印刷时间：2015 年 8 月第 1 次印刷
责任编辑：康　倩
封面设计：颖　溢
版式设计：颖　溢
责任校对：徐　跃

书　　号：ISBN 978-7-5381-9283-4
定　　价：28.00 元

http://www.lnkj.com.cn